POR UMA GEOGRAFIA DOS ESPAÇOS VIVIDOS
Geografia e Fenomenologia

Conselho Acadêmico
Ataliba Teixeira de Castilho
Carlos Eduardo Lins da Silva
Carlos Fico
Jaime Cordeiro
José Luiz Fiorin
Tania Regina de Luca

Proibida a reprodução total ou parcial em qualquer mídia
sem a autorização escrita da editora.
Os infratores estão sujeitos às penas da lei.

A Editora não é responsável pelo conteúdo deste livro.
O Autor conhece os fatos narrados, pelos quais é responsável,
assim como se responsabiliza pelos juízos emitidos.

Consulte nosso catálogo completo e últimos lançamentos em **www.editoracontexto.com.br**.

Angelo Serpa

POR UMA GEOGRAFIA DOS ESPAÇOS VIVIDOS
Geografia e Fenomenologia

Copyright © 2019 do Autor

Todos os direitos desta edição reservados à
Editora Contexto (Editora Pinsky Ltda.)

Diagramação
Gustavo S. Vilas Boas

Preparação de textos
Lilian Aquino

Revisão
Daniela Marini Iwamoto

Dados Internacionais de Catalogação na Publicação (CIP)

Serpa, Angelo
Por uma geografia dos espaços vividos : geografia e
fenomenologia / Angelo Serpa. – 1.ed., 2ª reimpressão. –
São Paulo : Contexto, 2023.
128 p.

Bibliografia
ISBN: 978-85-520-0159-1

1. Geografia – Aspectos filosóficos 3. Fenomenologia
4. Geografia humana 5. Dialética I. Título

19-1356   CDD 910.01

Angélica Ilacqua CRB-8/7057

Índices para catálogo sistemático:
1. Geografia – Fenomenologia

2023

EDITORA CONTEXTO
Diretor editorial: *Jaime Pinsky*

Rua Dr. José Elias, 520 – Alto da Lapa
05083-030 – São Paulo – SP
PABX: (11) 3832 5838
contato@editoracontexto.com.br
www.editoracontexto.com.br

SUMÁRIO

APRESENTAÇÃO 9

GEOGRAFIA E FENOMENOLOGIA 11

    De Husserl a Merleau-Ponty e Bachelard 11

    A Geografia humanista 14

FENOMENOLOGIA(S) DA PAISAGEM 21

    Por uma abordagem fenomenológica
        para a Geografia 22

    Seguindo em diferentes direções 24

    Fenomenologias do pensamento em situação 30

EXERCITANDO FENOMENOLOGIA DA PAISAGEM 35

    Imanência, transcendência, fenômeno e situação 36

    Redução fenomenológica 37

    Princípios fenomenológicos 38

    Intersubjetividade 39

    O curso de Fenomenologia da Paisagem no Posgeo-UFBA 40

    Exercício de redução eidética:
        "Descrição reduzida" como ato de "pré-compreensão"? 42

    A paisagem como ato intencional 49

CRÍTICA DIALÉTICO-FENOMENOLÓGICA DA PAISAGEM CONTEMPORÂNEA ... 51

A construção de uma perspectiva fenomenológica crítica para a análise da paisagem ... 54

Exercitando a crítica fenomenológica da paisagem contemporânea ... 55

Construção de uma perspectiva dialético-fenomenológica para a crítica da paisagem contemporânea ... 59

EXPERIÊNCIAS DO SER-NO-MUNDO: LUGAR E TERRITÓRIO ... 61

A dialética do exterior e do interior ... 64

Afinando a discussão existencialista de lugar e território ... 65

Como lugar e território se exprimem no espaço público da cidade contemporânea? ... 68

O corpo (re)inserido na cidade ... 73

Ser lugar e ser território como manifestações da política? ... 74

GEOGRAFIA DOS ESPAÇOS VIVIDOS: PAISAGEM, LUGAR, REGIÃO ... 79

Retomando os conceitos: paisagem, lugar e região ... 80

Espaços vividos como espaços da desalienação ... 84

Uma Geografia dos espaços vividos é também uma Geografia das representações sociais e espaciais ... 86

Paisagem, lugar e região como modos geográficos de existência ... 87

Uma Geografia dos espaços vividos ... 94

DIGRESSÕES LEFEBVRIANAS I:
PRESENÇA E AUSÊNCIA 97

A história do conceito de representação
no pensamento filosófico 98

As representações não filosóficas 101

A obra 102

Dialética e fenomenologia:
entre presenças e ausências 103

DIGRESSÕES LEFEBVRIANAS II:
O REINO DAS SOMBRAS 107

Por que Hegel, Marx e Nietzsche?
(transitando entre o abstrato e o concreto) 108

O vivido e o cotidiano 111

O cotidiano e a importância do repetitivo
e da identidade no mundo moderno 112

Corpo-poesia, corpo-energia: inspirações nietzschianas
para as noções de obra e brecha em Lefebvre 114

Civilização e experiência concreta do corpo 116

Em direção a uma "fenomenologia concreta"? 117

BIBLIOGRAFIA 121

O AUTOR 125

APRESENTAÇÃO

Por que um livro que busca relacionar Geografia e Fenomenologia?

Mais que um método, uma doutrina ou uma filosofia, a Fenomenologia permite o retorno às experiências e práticas espaciais primeiras, sobre as quais construímos nossas referências de mundo e lugar. Essas referências se constroem através da elaboração científica, com a criação de representações conceituais (paisagem, região, território, entre outras), mas também na vida cotidiana, muitas vezes sem vestígio de elaboração conceitual ou mesmo de conscientização.

A relação entre Geografia e Fenomenologia permite entrever uma produção situada do conhecimento geográfico, uma ontologia espacial que enalteça e sublinhe uma Geografia dos espaços vividos, uma Geografia "situacional", de modo que, enquanto método ou filosofia, a Fenomenologia permite a um só tempo a crítica e a renovação da Geografia enquanto conhecimento (prático e científico).

O diálogo entre Fenomenologia e Dialética é também necessário, a fim de identificar as contradições e os conflitos nos processos de produção/criação do espaço na contemporaneidade. Conflitos e contradições que devem ser explicitados para serem superados, no sentido mais profundo que o termo superação possa assumir numa abordagem dos processos de produção/criação espacial que se quer ao mesmo tempo fenomenológica e dialética.

O livro *Por uma Geografia dos espaços vividos*, estruturado em oito capítulos, reúne reflexões e experiências, articuladas ao longo dos últimos anos, em aulas e pesquisas no Departamento de Geografia da Universidade Federal da Bahia (UFBA), instituição na qual atuo como professor e pesquisador desde 1996. Creio que o livro possa preencher uma lacuna importante na bibliografia atual em Geografia, já que o interesse pelos estudos fenomenológicos vem crescendo nos últimos anos nas universidades brasileiras e não há muitos títulos nacionais específicos sobre esta relação (entre Geografia e Fenomenologia).

Agradeço a todos que de alguma maneira contribuíram para o amadurecimento destas reflexões, em especial aos pesquisadores dos grupos Espaço Livre de Pesquisa-Ação e Territórios da Cultura Popular, da UFBA, interlocutores fundamentais e indispensáveis, que, ao longo de mais de duas décadas, contribuíram direta ou indiretamente para a finalização dessa empreitada.

Dedico esse livro à memória da jornalista Dagmar Serpa, minha irmã e das maiores incentivadoras na minha vida pessoal e profissional. Companheira de vida e ser de luz que sempre iluminou com sua inteligência e generosidade a todos aqueles que tiveram o privilégio de conviver com ela em sua passagem pelo mundo. Dag, presente!

Boa leitura!

GEOGRAFIA E FENOMENOLOGIA

Foi o filósofo alemão Edmund Husserl quem trouxe, no início do século XX, uma nova abordagem do conhecimento à qual deu o nome de "fenomenologia". Até então, "fenômeno" indicava tudo aquilo que, do mundo externo, se oferece ao sujeito do conhecimento, através das estruturas cognitivas da consciência (Chauí, 2000).

Essa era a visão de Kant, revista mais tarde por Hegel, que ampliou o conceito de "fenômeno", afirmando que tudo o que aparece só pode aparecer para uma consciência e que a própria consciência mostra-se a si mesma no conhecimento de si, sendo ela própria um fenômeno. Foi Hegel, aliás, o primeiro a se utilizar do termo "fenomenologia", para com ele indicar o conhecimento que a consciência tem de si mesma através dos demais fenômenos que lhe aparecem (Chauí, 2000).

DE HUSSERL A MERLEAU-PONTY E BACHELARD

Embora mantendo o conceito kantiano e hegeliano, Husserl vai ampliar a noção de "fenômeno". Contra Kant, Husserl vai afirmar que não há a "coisa em si", incognoscível, fenômeno é a presença real de coisas reais diante da consciência. Hegel, por sua vez, teria abolido a diferença entre a consciência e o mundo, afirmando que este nada mais é do que o modo como a consciência torna-se as próprias coisas, torna-se mundo ela mesma, tudo sendo fenômeno.

POR UMA GEOGRAFIA DOS ESPAÇOS VIVIDOS

Para Husserl, porém, a consciência possui uma essência diferente das essências dos outros fenômenos, pois ela é doadora de sentido às coisas e estas são receptoras de significados. Vista assim, a consciência não poderia se tornar as próprias coisas, mas sim dar-lhes significação, permanecendo diferente delas (Chauí, 2000).

Na fenomenologia de Husserl, fenômenos não são apenas as coisas materiais que percebemos, mas também coisas puramente ideais ou idealidades, coisas que existem apenas no pensamento, como os entes estudados pela Matemática. Além das coisas materiais, naturais e ideais, também seriam fenômenos os resultados da vida e da ação humana – a cultura. A fenomenologia seria a descrição de todos os fenômenos de todas estas realidades: materiais, naturais, ideais e culturais (Husserl, 2000).

Para Husserl, "a fenomenologia procede elucidando visualmente, determinando e distinguindo o sentido. Compara, distingue, enlaça, põe em relação, separa em partes ou segrega momentos" (Husserl, 2000: 87). O que constitui sua particularidade e exclusividade "é o procedimento intuitivo e ideador dentro da mais estrita redução fenomenológica" (Husserl, 2000: 87). E, enquanto método, é especificamente filosófico, porque "pertence essencialmente ao sentido da crítica do conhecimento e, por conseguinte, ao de toda a crítica da razão em geral" (Husserl, 2000: 87).

Conforme Husserl, a consciência é um conjunto de vivências intencionais que visam a um objeto; ela define-se por atos que têm por correlatos e pares diversos objetos visados. Perceber, imaginar, lembrar-se são, dessa forma, atos da consciência através dos quais esta se refere a objetos. Em sua obra *Meditações cartesianas*, Husserl lança as bases de uma "fenomenologia transcendental", tentando pensar outro racionalismo que não deveria basear-se na repressão da vida da consciência. Esta é sempre transcendente e remeteria necessariamente a algo além de si mesma, a um correlato (Husserl, 2001).

Husserl busca sintetizar sua proposta em uma descrição do que seria uma atitude fenomenológica do sujeito do conhecimento, ou melhor, uma "atitude fenomenologicamente modificada" do seguinte modo: "se dizemos do eu que percebe o 'mundo' e aí vive muito naturalmente, que está *interessado no mundo*, então teremos, na atitude fenomenologicamente modificada, um *desdobramento do eu*; acima do eu ingenuamente interessado no mundo estabelecer-se-á um *espectador desinteressado*, o eu fenomenológico" (Husserl, 2001: 50). É este *desdobramento do eu* que, por seu turno, se tornará acessível a uma reflexão nova, "reflexão que, enquanto transcendental, exigirá, mais uma vez, a atitude 'desinteressada do espectador', preocupado apenas em ver e descrever de maneira adequada" (Husserl, 2001: 50).

|12|

A fenomenologia transcendental remete também aos outros seres, "outros espíritos", que estão, de certo modo, no mundo enquanto coisas, enquanto corpos, mas que percebemos como sujeitos que também percebem o mundo e nós mesmos no mundo. A existência do outro como "outro eu" dá-nos acesso a um mundo que não é mais unicamente o da experiência particular, mas o mundo "intersubjetivo" que existe para todos. Assim, a experiência do outro proporcionaria as bases de uma teoria transcendental do mundo objetivo (Lacoste, 1992).

Assim, quando percebo os outros e os percebo como realmente existentes, a partir de uma série de experiências a um só tempo variáveis e concordantes, eu os percebo também como objetos do mundo. Mas "não como simples 'coisas' da natureza, ainda que eles o sejam de certo modo 'também'. Os 'outros' dão-se igualmente na experiência como regendo psiquicamente os corpos fisiológicos que lhes pertencem. Ligados assim aos corpos de maneira singular" (Husserl, 2001: 117), como "objetos psico-físicos", eles estão "no" e compartilham "um" mundo. Mas, ao mesmo tempo, eu os percebo "como sujeitos para esse mesmo mundo: sujeitos que percebem o mundo – esse mesmo mundo que eu percebo – e que têm por isso experiência de mim, como eu tenho a experiência do mundo e, nele, dos 'outros'" (Husserl, 2001: 117).

Discípulo de Husserl, Merleau-Ponty, em sua *Fenomenologia da percepção*, distingue do espaço geométrico o espaço antropológico como espaço existencial, lugar de uma experiência de relação com o mundo de um ser essencialmente situado e em relação intrínseca com o meio (Merleau-Ponty, 2006). É assim que a natureza pode encontrar "seu" caminho para o centro de nossas vidas pessoais, tornando-se ligada de modo inextricável às nossas existências, mas também "recebendo" nossos padrões de comportamento e conduta, que se instalam no mundo natural como "um mundo cultural".

Sob a perspectiva aberta por Merleau-Ponty, nós não possuímos apenas um "mundo físico", não estamos apenas em meio aos elementos – a água, a terra, o ar –, mas vivemos em um mundo humano, que se cria e reproduz em torno de nós, se revelando a nós como cidades, ruas e estradas, plantações e igrejas, através dos objetos os mais variados, como uma colher, um sino ou um cachimbo. Apesar de sua ambiguidade, este mundo cultural e humano marca sua presença de modo indelével em nosso cotidiano.

Em sua obra *A poética do espaço*, Gaston Bachelard procura esclarecer filosoficamente o problema da imagem poética, criando uma "fenomenologia da imaginação". Esta seria um estudo do fenômeno da imagem poética quando a imagem emerge na consciência como um produto direto do coração, da alma, do ser do homem tomado em sua atualidade (Bachelard, 1998).

|13|

Particularmente interessantes são suas indagações sobre a "transubjetividade da imagem": como uma imagem por vezes muito singular pode revelar-se como uma concentração de todo o psiquismo? Para Bachelard, essa transubjetividade da imagem não poderia ser compreendida, em sua essência, apenas pelos hábitos das referências objetivas. Só a fenomenologia – a consideração do início da imagem numa consciência individual – poderia ajudar-nos a reconstituir a subjetividade das imagens e a medir a amplitude, a força, o sentido de sua transubjetividade.

Considerações a respeito do espaço são também importantes para o entendimento das imagens e identidades dos lugares. Para Bachelard, assim como para Merleau-Ponty, o espaço habitado transcende o espaço geométrico e a fenomenologia da imaginação não pode contentar-se com uma redução que transforma as imagens em meios subalternos de expressão: a fenomenologia da imaginação exige que vivamos diretamente as imagens, que as consideremos como acontecimentos súbitos da vida. A imagem estabelece-se numa cooperação entre o real e o irreal, pela participação da função do real e da função do irreal.

A GEOGRAFIA HUMANISTA

A ideia de incorporar a subjetividade aos estudos geográficos é lançada com ênfase por John K. Wright, em 1947, exortando os geógrafos a explorar as "terras incógnitas pessoais" e estudar os mecanismos da imaginação presentes na mente humana. Como nos lembra Werther Holzer, em artigo publicado em 1996, David Lowenthal, no início da década de 1960, revisita a obra de Wright com o intuito de renovar a Geografia cultural americana. Sob a ótica de Lowenthal, a Geografia deveria buscar um projeto de ciência que abarcasse os vários modos de observação, o consciente e o inconsciente, o objetivo e o subjetivo, o fortuito e o deliberado, o literal e o esquemático (Holzer, 1996). Naquele mesmo ano, Yi-fu Tuan, baseando-se na obra de Bachelard, vai propor uma Geografia inspirada no conceito de "topofilia", que exprimiria o amor do homem pela natureza (Tuan, 1961).

Ainda segundo Holzer, as tentativas de Lowentahl para renovar os métodos utilizados pelos geógrafos culturais levaram-no a propor três temas que ele considerava fundamentais para os estudos geográficos: a natureza do ambiente; o que pensamos e sentimos sobre ele; e como nos comportamos e alteramos o ambiente (Holzer, 1996). Holzer nos lembra também que foi Tuan quem levantou e enumerou diversas aproximações humanistas para os estudos geográficos: as atitudes do indivíduo em relação a um aspecto do ambiente; atitudes do indivíduo com relação às regiões; a concepção individual da sinergia homem-natureza; a atitude dos povos acerca do ambiente; e, por fim, as cosmografias nativas (Holzer, 1996).

Foi Edward Relph, porém, o primeiro geógrafo a buscar na fenomenologia de Husserl um suporte filosófico para uma aproximação "humanística" da Geografia. Relph defendeu a ideia de que os significados originais do mundo-vivido estão constantemente sendo obscurecidos por conceitos científicos e pela adoção de convenções sociais; para o autor, o mundo-vivido não seria absolutamente óbvio, e os seus significados não se apresentariam por si mesmos, mas deveriam ser descobertos: "Edmund Husserl, que iniciou o estudo do mundo-vivido em fenomenologia, asseverou vigorosamente que a ciência não somente se tornou muito deslocada de suas origens no mundo-vivido, mas está atualmente inserida no processo de reconstituição do mundo vivido em termos de suas próprias imagens científicas idealizadas" (Relph, 1979: 3-6).

Relph vai enfatizar que Husserl buscou distinguir e identificar os "dois componentes maiores do mundo-vivido, embora a distinção seja largamente temática" e ainda que eles estejam estreitamente inter-relacionados na experiência (Relph, 1979: 3-6). Em sua concepção, existe, em primeiro lugar, "um mundo predeterminado ou natural de coisas, formas e de outras pessoas": e essas formas, coisas e pessoas apresentam modos diversos de aparência, não só no espaço, mas também no tempo; "este é o mundo que vemos e sentimos, mas no qual estamos apenas implicados, porque se constitui numa situação necessária que nos é dada" (Relph, 1979: 3-6). O mundo-vivido, social e/ou cultural, é um contraponto ao mundo natural predeterminado, e esse mundo-vivido "compreende os seres humanos com toda ação e interesse humanos, trabalhos e sofrimentos" (Relph, 1979: 3-6).

Relph foi buscar inspiração também na obra de um geógrafo francês de liceu, Eric Dardel, que publicou, em 1952, um livro intitulado *L'Homme et la terre: nature de la realité géographique* (Dardel, 1990). Para Dardel, o espaço fenomenológico seria uma resultante de uma conjunção de direções e distâncias, que formariam, em um nível mais complexo de integração, as categorias espaciais do mundo-vivido, como lugar e paisagem. A obra de Dardel exerceu também forte influência sobre Tuan, como enfatizado por Holzer (1996).

De acordo com o próprio Relph, a obra de Eric Dardel combinaria efetivamente o trabalho de fenomenologistas, como Heidegger, Minkonski e Bachelard, com descrições de experiência geográfica feitas por poetas, novelistas e geógrafos como, por exemplo, Shelley, Rilke, Vidal de La Blache e Martonne (Relph, 1979). Remetendo-se a Dardel, Relph afirma que o mundo é visto e experienciado não como uma soma de objetos, mas como um sistema de relações entre o homem e suas vizinhanças, como focos de seus interesses.

Nesse contexto, essas relações são norteadas em geral por padrões e estruturas experienciados, e o "mundo-vivido geográfico" é constituído por uma dessas estruturas: "Isto é, em seu sentido mais simples, o mundo experienciado como cenário, tanto o natural como o construído pelo homem, e como ambiente que provê sustento e uma moldura para a existência" (Relph, 1979: 7). Acionando as palavras de Dardel – "Geografia usualmente permanece reservada, mais vivida que expressada" – Relph vai afirmar que neste mundo-vivido geográfico "não há nada de misterioso, ou abstrato, ou exclusivo [...], embora ele tenha inspirado e influenciado numerosas religiões, filosofias e teorias" (Relph, 1979: 7). Esse mundo é simplesmente aquele dos espaços, paisagens e lugares, que encontramos diária e cotidianamente em nossas vidas.

A década de 1970 foi marcada pela busca das relações entre a fenomenologia e a Geografia. Para Relph, o caminho era uma descrição rigorosa do mundo-vivido da experiência humana, buscando reconhecer as essências das estruturas perceptivas através da intencionalidade. O autor defendia uma crítica radical ao cientificismo e ao positivismo, o que o afastava dos "comportamentalistas", mesmo que se pudesse objetar que esta Geografia comportamental não necessariamente manifestasse intenções manipuladoras e objetivasse apenas a observação e a explicação dos padrões comportamentais – espaciais e ambientais.

Relph, no entanto, não parecia se coadunar com esse ponto de vista: "minhas suspeitas são tão profundas que encaro qualquer tentativa de explicar o comportamento humano como o primeiro passo para o controle daquele comportamento, da mesma maneira que a explicação dos processos naturais conduz inexoravelmente a intervenções naqueles processos" (Relph, 1984, apud Goodey e Gold, 1986: 26).

Essa posição era também compartilhada pela geógrafa Anne Buttimer, que buscou fundamentar seus estudos e pesquisas no conceito de lugar, com um crescente ecletismo na escolha de seus contextos empíricos (Goodey e Gold, 1986). Edward Relph, muito influenciado por Heidegger, também propõe uma abordagem fenomenológica para o conceito de lugar em Geografia, demonstrando que o lugar é muito mais que "localização", implicando outras dimensões como direção e distância, já que não há sentido para o conceito de lugar dissociado das ideias de objetivo e distância. Ou seja: neste tipo de abordagem, de cunho fenomenológico, lugar é ocupação e ocupar significa a um só tempo dirigir-se e distanciar-se. Em sua obra mais conhecida, *Values in Geography*, Buttimer vai defender o mérito da fenomenologia nos estudos geográficos, usando como argumento principal a abrangência das abordagens fenomenológicas (Buttimer, 1974).

Buttimer sugeriu que os lugares deveriam ser pensados sob a perspectiva do "lar" e do "horizonte de alcance orientado para fora daquele lar": "Para qualquer indivíduo, o lar e o horizonte de alcance do pensamento e imaginação podem ser bastante distintos do lar e dos horizontes de alcance de suas filiações sociais" (Buttimer, 2015: 8). E é claro que eles podem se distinguir também "da real localização física ou do lar e dos horizontes de alcance físicos" (Buttimer, 2015: 8). São essas distinções que, de acordo com Buttimer, poderiam estabelecer algumas pistas sobre como se constitui a identidade dos lugares.

Muito importante, neste contexto, é a noção de "centramento", "uma função do quão bem este lugar é um centro de interesse da vida do indivíduo" (Buttimer, 2015: 9). No entanto, a autora ressalva que "para discutir lugar, temos que congelar um processo, que é dinâmico, em um momento imaginário, com o objetivo de fazer uma imagem estática", admitindo, portanto, ainda que de modo indireto, o risco de "congelamento" da identidade dos lugares sob uma abordagem assim (Buttimer, 2015: 9).

Para Goodey e Gold (1986), o desafio aos modelos neodeterministas da sociedade se tornou efetivo na medida em que as abordagens baseadas no comportamento e na percepção passaram a ser um elemento comum do repertório geográfico. Os autores advertem que, ao mesmo tempo, a separação entre as pesquisas do tipo "espacial" e aquelas norteadas pelo conceito de lugar, em suma, entre as abordagens positivista (comportamentalista) e humanista (fenomenológica), vai se tornar profunda, com exceção de um breve intervalo de aproximação entre elas, nos anos 1970:

> A literatura espacial continuava a mostrar uma forte afinidade com a ciência comportamental, com um padrão altamente codificado de métodos de pesquisa, com uma herança de métodos usados precedentemente e um desenvolvimento programático baseado em simulações. (Goodey e Gold, 1986: 18)

Os mesmos autores vão enfatizar que *behaviourismo* e *behaviouralismo* são termos inteiramente distintos. O primeiro representaria uma escola reducionista de Psicologia, que via o comportamento humano em termos das relações de estímulo/resposta, nas quais as respostas poderiam ser amarradas a certas condições que as antecediam; nessas relações, os processos cognitivos e, de fato, a própria consciência, desempenhariam um papel de pequena importância. O segundo, por seu turno, indicaria um movimento nas ciências sociais que procura tomar o lugar das teorias tradicionais sobre as relações homem/ambiente, com novas versões que reconheceriam explicitamente as verdadeiras complexidades do comportamento humano (Goodey e Gold, 1986).

Daí a profunda divisão entre as escolas de base espacial e as fundamentadas na noção de lugar, isto é, entre as escolas de pensamento positivista e humanista. Ainda de acordo com Goodey e Gold (1986), um dos problemas da predominância relativa da tradição positivista tem sido que uma imagem excessivamente restritiva e enganosa da Geografia do comportamento e da percepção tem sido promovida, pois os geógrafos, de modo geral, ao abraçarem em seus trabalhos as ciências comportamentais, se apropriaram de ferramentas, tanto conceituais quanto metodológicas, "muito úteis", embora tenha sido claramente insuficiente o esforço "para indicar que a própria Geografia não é uma ciência comportamental, que a procura da generalização comportamental não é a única preocupação dos pesquisadores, e que gente e lugar contam muito na abordagem behaviouralista" (Goodey e Gold, 1986: 30).

Também importantes e dignas de menção, ainda que aqui de modo muito breve, são as tentativas de aproximação dos conceitos humanistas e marxistas, objeto de reflexão do geógrafo anglo-saxão Denis Cosgrove. Para esse autor, se a cultura é o centro dos objetivos de uma Geografia humanista, que busca compreender o mundo vivido dos grupos humanos, uma Geografia marxista precisa reconhecer que o mundo vivido, mesmo que simbolicamente constituído, tem expressão material, não se devendo negar sua objetividade (Cosgrove, 2003). Para Cosgrove, ao contrário do que normalmente se pensa, a "cultura" não é alguma coisa que "funciona através dos seres humanos", mas necessita "ser constantemente reproduzida por eles em suas ações, muitas das quais são ações não reflexivas, rotineiras da vida cotidiana" (Cosgrove, 1998: 101-105).

Isso vai revelar também outra coisa: que os estudos culturais estão intrinsicamente relacionados ao estudo do poder, já que "um grupo dominante procurará impor sua própria experiência de mundo, suas próprias suposições tomadas como verdadeiras, como a objetiva e válida cultura para todas as pessoas. O poder é expresso e mantido na reprodução da cultura" (Cosgrove, 1998: 101-105). Cosgrove nos alerta que isso se concretiza muitas vezes de modo sutil e pouco visível, justamente porque "as suposições culturais do grupo dominante aparecem [...] como senso comum". Para o autor, é isso que algumas vezes vai ser denominado de *hegemonia cultural*.

Haveria, assim, "culturas dominantes e subdominantes ou alternativas, não apenas no sentido político [...] mas também em termos de sexo, idade e etnicidade" (Cosgrove, 1998: 101-105). Cosgrove indica em seus trabalhos a leitura das paisagens a partir dessa concepção de articulação entre os estudos culturais e os estudos do poder, propondo sua leitura a partir de categorias desenhadas em função dessa aproximação: As culturas subdominantes poderiam, então, ser divididas em "residuais (que sobram do passado), emergentes (que antecipam o futuro) e excluídas (que são ativa ou passivamente suprimidas)". Assim, cada uma dessas subculturas encontraria alguma expressão na paisagem, "mesmo se apenas numa paisagem de fantasia" (Cosgrove, 1998: 105).

As contribuições de Cosgrove se assemelham a de outros geógrafos anglo-saxões e vão mostrar que os campos da Geografia cultural e humanista se diferenciaram com o tempo, podendo-se afirmar uma influência maior da abordagem estritamente fenomenológica no segundo campo – ao qual se alinham autores como Dardel, Tuan, Buttimer e Relph –, deixando, a meu ver, como principal legado, a ideia de situação, aliada às noções de intersubjetividade e intencionalidade. Trata-se de refletir a partir de uma Geografia situada, renovada em seus alicerces teóricos e metodológicos pela concepção de mundo vivido.

Mas, pelo menos desde a segunda metade dos anos 1990, há, sem dúvida, uma retomada dos estudos culturais em Geografia no Brasil que não se enquadram nem no rótulo estrito de "Geografia humanista" nem no rótulo estrito de "Geografia crítica/marxista", estudos esses muito influenciados pela chamada nova Geografia cultural, sobretudo anglo-saxã, que busca justamente uma aproximação entre o materialismo histórico geográfico e a Geografia cultural. São autores como Denis Cosgrove, Peter Jackson, Don Mitchell, James Duncan, entre outros, que compreendem "modo de produção" como "modo de vida", com especial interesse pelos meios de produção simbólica, em análises que buscam aproximar as abordagens hermenêutica e dialética, pensando o espaço geográfico, sobretudo, como espaço vivido.

As pesquisas de James Duncan (2004) sobre as paisagens como sistemas de criação de signos e suas análises "textuais" da paisagem a partir de técnicas de leitura e interpretação de textos – como conjunto de metáforas, sinédoques, metonímias etc. –, que remetem a mensagens e conteúdos para além do "visível" e do imediatamente apreensível pelo observador, são lapidares nesse campo. Aqui a ideia principal é que o mundo material é constituído culturalmente, sendo necessário analisar os meios de incorporação do espaço aos códigos simbólicos através da produção cultural, como afirma, por exemplo, Cosgrove.

Essas abordagens vão muito além de uma Geografia humanista estritamente fenomenológica, nos moldes como propunham Dardel, Relph e Tuan, abrindo as possibilidades de renovação não só do conceito de lugar, mas também dos conceitos de paisagem, território e região na Geografia. E isso nos permite afirmar também que o que chamamos, hoje, de Geografia humanista e Geografia cultural, se distingue, mas, ao mesmo tempo, se complementa e dialoga enquanto abordagem e método.

Nos capítulos que se seguem (capítulos "Fenomenologia(s) da paisagem", "Exercitando fenomenologia da paisagem" e "Crítica dialético-fenomenológica da paisagem contemporânea"), vou abordar a relação entre Geografia e fenomenologia, primeiro a partir da paisagem e de como a fenomenologia nos auxilia na compreensão dos processos de percepção e representação, para, em momentos posteriores, tratar dos conceitos de lugar, território e região sob uma perspectiva fenomenológica e de uma Geografia dos espaços vividos. A paisagem será porta de entrada enquanto fenômeno para, paulatinamente, enveredar o leitor pelos caminhos ontológicos e existenciais expressos e manifestos por/através de uma releitura das noções de lugar, território e região como constructos, criações humanas, radicalizando a ideia de vivido, imbricada na intersubjetividade e nas múltiplas intencionalidades que constroem mundo(s) – nos capítulos "Experiências do ser-no-mundo: lugar e território" e "Geografia dos espaços vividos: paisagem, lugar, região".

A relação entre dialética e fenomenologia nas abordagens construídas no dia a dia de nossas pesquisas na Universidade Federal da Bahia é também pano de fundo para os capítulos que compõem este livro, em especial os capítulos "Crítica dialético-fenomenológica da paisagem contemporânea" e "Geografia dos espaços vividos: paisagem, lugar, região". Essa relação será buscada também na teoria das representações e numa releitura de *O reino das sombras*, de Henri Lefebvre, buscando-se enfatizar essa relação entre fenomenologia e dialética na análise dos processos de produção/criação do espaço (capítulos "Digressões lefebvrianas I: presença e ausência" e "Digressões lefebvrianas II: o reino das sombras"). Conscientes da crítica lefebvriana à fenomenologia, objetiva-se abordar, mesmo assim, a relação de sua teoria – ainda que às vezes de modo bastante implícito – com as noções e reflexões desse campo paradigmático, apresentando ao leitor outra maneira possível de conceber a teoria da produção do espaço.

FENOMENOLOGIA(S) DA PAISAGEM

Qual o sentido de discutir "fenomenologias da paisagem" no mundo contemporâneo? Por que falar de fenomenologia no plural relacionando-a com o conceito/a categoria "paisagem" no campo da Geografia?

Pesa aqui minha experiência como professor/pesquisador do Programa de Pós-Graduação em Geografia (Posgeo), da Universidade Federal da Bahia (UFBA), instituição na qual ministro a disciplina Fenomenologia da Paisagem para mestrandos e doutorandos da Geografia e de disciplinas afins desde 2006.

A disciplina, criada por Milton Santos quando de sua reintegração aos quadros da UFBA, em 1995, constituiu-se ao longo desses anos como um fórum privilegiado de discussões teórico-metodológicas relacionadas com a fenomenologia e a paisagem, como conceito e categoria, o que dá fundamento aos argumentos de que lançarei mão neste capítulo para justificar a abordagem fenomenológica da paisagem contemporânea, buscando explicitar sua importância para a consolidação de uma Geografia Humana dos espaços vividos[1] (ver capítulos "Exercitando fenomenologia da paisagem" e "Experiências do ser-no-mundo: lugar e território").

Se a paisagem, como diria Milton Santos (1994; 1996a), é feita de rugosidades, de cristalizações do passado que se misturam às formas contemporâneas no presente, ela é também um fato que é a um só tempo histórico e geográfico, pois ela (a paisagem) é evidentemente uma produção humana, se caracterizando como um conjunto de elementos/objetos interligados, sempre exprimindo e condicionando crenças e ideias e cristalizando períodos históricos em seus processos de (trans)formação.

Uma primeira aproximação deve contemplar uma reflexão sobre as consequências de uma abordagem fenomenológica em Geografia: afinal, de que Geografia e de qual fenomenologia estamos falando? O que é a fenomenologia, afinal? Um método, uma doutrina ou uma filosofia de vida? Esses questionamentos fundamentam a primeira seção, retomando, na segunda seção, alguns filósofos já introduzidos ao leitor no primeiro capítulo deste livro, que construíram/constituíram as principais ideias e premissas do que hoje conhecemos por "fenomenologia" ou "abordagem fenomenológica".

De Edmund Husserl a Martin Heidegger, passando por Maurice Merleau-Ponty, Jean-Paul Sartre e Gaston Bachelard, vamos refletir sobre a pertinência de uma fenomenologia no plural, procurando, para além dos pontos em comum entre esses pensadores, as diferenças entre eles, que podem subsidiar caminhos fenomenológicos plurais e diversos para uma abordagem humanista e cultural em Geografia.[2] Nesta mesma seção, ensejamos relacionar as diferentes filosofias/ ontologias com o conceito/a categoria paisagem, enfatizando a diversidade e a pluralidade das possibilidades abertas para a prática das "fenomenologias" da paisagem e suas consequências para a Geografia.

Finalmente, em uma terceira e última seção, buscamos refletir, ainda que de modo sucinto, sobre as possibilidades de uma ontologia da paisagem, com base nas discussões empreendidas nas seções precedentes.

POR UMA ABORDAGEM FENOMENOLÓGICA PARA A GEOGRAFIA

Uma abordagem fenomenológica em Geografia não é exatamente algo novo, remonta pelo menos à passagem dos anos 1960 aos anos 1970 e vem se consolidando no Brasil e no mundo, desde então, no âmbito da disciplina, como paradigma norteador do que se convencionou chamar de Geografia humanista (Holzer, 1997) e, em alguns casos, também da Geografia cultural renovada, anglo-saxã e francesa.

A rigor, a abordagem fenomenológica em Geografia é anterior inclusive aos anos 1960-1970, remetendo à publicação do livro basilar de Dardel lançado em 1952 na França, *L'Homme et la terre*, e à concepção de uma Geografia vivida e uma geograficidade humana que se expressa através da experiência e da ação dos seres no mundo. Nesse livro, Dardel vai observar que antes mesmo do surgimento do geógrafo e de sua preocupação com uma ciência exata, "a história mostra uma geografia em ato, uma vontade intrépida de percorrer o mundo, de franquear os mares, de explorar os continentes. Conhecer o desconhecido, atingir o inacessível, a inquietude geográfica precede e sustenta a ciência objetiva". Neste contexto, o homem se liga à Terra através de uma relação concreta, seja por amor ao solo natal ou buscando novos ambientes, e é isto que define "uma *geograficidade* (*geographicité*) do homem como modo de sua existência e de seu destino" (Dardel, 2011: 1-2, grifo no original).

A Geografia fenomenológica que se descortina a partir daí é, sobretudo, uma *ontologia do espaço*: um espaço que se cria e produz individual e socialmente *em situação* e a partir da ação de *seres humanos posicionados no mundo*.

Mas o que é a fenomenologia, afinal? Uma doutrina, um método ou uma filosofia de vida? Poderíamos afirmar aqui, de modo preliminar, que a fenomenologia é, sobretudo, uma filosofia que pode influenciar (fortemente, inclusive) uma postura diante da vida, mas também diante da produção do conhecimento em Geografia (e em outros campos do saber científico). Porém, se encarada como doutrina estrita – pensada aqui como "catequese" ou "dogma" – ou mesmo como método estrito – pensado em termos puramente epistemológicos e metodológicos –, pode degenerar no oposto do que pretendia Husserl quando lançou as bases da fenomenologia como crítica do conhecimento (e da produção do conhecimento). Diante de um mundo devastado pela guerra, o conhecimento, na perspectiva de Husserl, necessitava de uma crítica e de uma reconstrução radicais, que pudessem fazer frente aos desafios do pós-guerra na Europa e no mundo.

Na fenomenologia de Husserl, as "coisas" do mundo material eram arrancadas do seu contexto funcional, para se "reconstruir", através da consciência, o mundo "despedaçado" (Arendt, 2002; Serpa, 2006). Aqui, é o Homem e não o fluxo histórico, biológico e natural (bem como suas leis) o tema da filosofia. De acordo com Arendt (2002), Husserl vai insistir nas "próprias coisas", buscando eliminar a especulação vazia e evitando separar o "conteúdo fenomenologicamente dado de um processo de sua gênese". Com isso, vai exercer "uma influência libertadora à medida que o próprio Homem, e não o fluxo histórico, natural, biológico ou psicológico para o qual ele é sugado, pode novamente tornar-se um tema para a filosofia" (Arendt, 2002: 18).

Para Husserl, deveríamos duvidar de todo o conhecimento humano acumulado, mas jamais da possibilidade de conhecimento, o que, aliás, era considerado por ele como absurdo. Sob esse ponto de vista, os conhecimentos adquiridos precisariam ser colocados em suspensão e encarados como *fenômenos*, jamais como fatos consumados. A dúvida diante do conhecimento é a postura fenomenológica por excelência e por princípio: desse modo, é necessário se despir dos *a prioris* e atentar para as *transcendências* da consciência, se aproximando das "coisas" e dos fenômenos com uma postura de renovadas surpresa e curiosidade diante deles.

Conforme Husserl, a redução eidética abre caminho para estudar a constituição transcendental da objetividade real (Husserl, 2001). A menção ao procedimento da redução serve aqui, neste capítulo, para sublinhar a importância fundamental da noção de "constituição fenomenológica" em Husserl, que quer dizer em princípio a "constituição de um objeto intencional em geral" (Husserl, 2001: 75), algo especialmente interessante para as fenomenologias da paisagem, tema deste capítulo: como, afinal, a paisagem se constitui para os sujeitos como objeto intencional?

A constituição fenomenológica da paisagem quer dizer, sobretudo, que esta paisagem "vale" para quem a constitui de modo intencional, é uma *aquisição durável* para mim:

> [...] posso 'sempre retornar' à realidade ela mesma percebida, em cadeias formadas por evidências novas que serão a 'reprodução' da evidência primeira. [...] Sem tais possibilidades, não haveria para nós o *ser estável e durável*, mundo real ou ideal. (Husserl, 2001: 81, grifos no original)

As premissas de Husserl foram de certo modo continuadas por Merleau-Ponty, em sua fenomenologia da percepção, mas criticadas ou contraditas por outros fenomenólogos como Sartre e Heidegger e não assumidas de modo tão direto por Bachelard, embora este último guarde uma similaridade fundamental com a proposta husserliana, a saber: "fazer aparecer o que justamente não aparece nas ciências" (Olesen, 1994: 16). Aprofundaremos nossa reflexão seguindo nessas direções previamente enunciadas, na segunda (e mais substancial) seção deste capítulo, na qual busco revelar a importância do pensamento desses autores para a construção de "fenomenologias da paisagem" em Geografia.

SEGUINDO EM DIFERENTES DIREÇÕES

Embora critique a fenomenologia transcendental de Husserl, afirmando que o único nexo que por esta via se "pode estabelecer entre meu ser e o ser do outro é o do conhecimento" (Sartre, 2005: 306), Sartre reconhece que as propostas husserlianas "assinalam um progresso em relação às ciências clássicas", pois remetem "a uma pluralidade de Para-sis" (2005: 304). De acordo com a crítica de Sartre, o verdadeiro problema seria "o da conexão entre sujeitos transcendentais para-além da experiência" (2005: 304).

De qualquer modo, e é isso que queremos reter e enfatizar aqui, são suas afirmações de que, em Husserl, "o recurso ao outro é condição indispensável à constituição de um mundo" (ao que acrescentaríamos também à constituição de uma paisagem), que "o mundo, tal como se revela à consciência, é inter-monadário", ou ainda que "como nosso eu psico-físico é contemporâneo do mundo, faz parte do mundo e cai com o mundo sob o impacto da redução fenomenológica, o outro aparece como necessário à própria constituição desse eu" (Sartre, 2005: 303).

Ou seja, a redução fenomenológica nos revela também que a paisagem não é simplesmente uma relação entre um sujeito e um objeto, ou melhor, um conjunto de objetos como é mais apropriado para a definição de "paisagem", mas, sobretudo, uma relação entre sujeitos que intersubjetivamente relacionam objetos constituindo paisagens como "universais". Isso, por outro lado, não exclui a validade do procedimento de partir do absolutamente dado da situação, já que o enfoque fenomenológico significa justamente partir das coisas elas próprias, abrindo-se a possiblidade de trabalhar o conceito de cotidiano bem como temáticas como o "simbólico" e o "valor" nas disciplinas territoriais.

Nesse contexto, é Merleau-Ponty quem vai formular uma fenomenologia da percepção, buscando explicitar o fenômeno da *percepção originária*, que antecede a sensação, a associação, a atenção, o juízo e a memória. Suas formulações delineiam também um "campo fenomenal" para a análise da paisagem percebida. Sob esse ponto de vista, a percepção funda ou inaugura o conhecimento e a "unidade da coisa na percepção não é construída por associação, mas condição da associação, ela precede os confrontos que a verificam e a determinam, ela se precede a si mesma" (Merleau-Ponty, 2006: 40). Portanto, a percepção originária "inaugura" e constitui paisagens não por associação ou pela memória, mas sim pelo "pressentimento de uma ordem iminente que de um só golpe dará respostas a questões apenas latentes na paisagem" (2006: 41).

A fenomenologia da percepção abre caminhos novos para o estudo da paisagem, já que coloca como única preocupação na contemplação de um objeto/uma paisagem "vê-lo(a) existir e desdobrar diante de mim suas riquezas", pois, assim, "ele(a) deixa de ser uma alusão a um tipo geral, e eu me apercebo de que cada percepção, e não apenas aquela dos espetáculos que descubro pela

POR UMA GEOGRAFIA DOS ESPAÇOS VIVIDOS

primeira vez, recomeça por sua própria conta o nascimento da inteligência e tem algo de uma invenção genial" (Merleau-Ponty, 2006: 75).

Em *O olho e o espírito*, Merleau-Ponty vai analisar a pintura de Cézanne como ilustração para esse eterno renascer da inteligência perceptiva, sublinhando também o caráter estético diferenciado de quem não se norteia pela percepção dos racionalistas e empiristas, mas por uma postura estética e ativa diante do mundo, do espaço e da paisagem, por uma postura que "deflagra o Ser". Conforme Merleau-Ponty quando Cézane está buscando a profundidade "é essa deflagração do Ser que ele busca, e ela está em todos os modos do espaço, assim como na forma. Cézanne já sabe o que o cubismo tornará a dizer: que a forma externa, o envoltório, é segunda, derivada, não é o que faz que a coisa tenha forma" (Merleau-Ponty, 2004a: 35-36).

É necessário, pois, ultrapassar essa "casca de espaço, quebrar a compoteira". Mas para pintar o que em seu lugar? "Cubos, esferas, cones [...]? Formas puras que tenham a solidez daquilo que pode ser definido por uma lei de construção interna, e que, todas juntas, traços ou cortes da coisa, deixam-na aparecer entre elas como um rosto entre juncos? Isto seria colocar a solidez do Ser de um lado e, de outro, sua variedade". Desse modo, a contradição só se resolveria se buscássemos juntos "o espaço e o conteúdo" (Merleau-Ponty, 2004a: 35-36).

Merleau-Ponty (2004b: 14) ressalta que, se muitos pintores, a partir de Cézanne, recusaram-se a submeter-se às leis da perspectiva geométrica, é porque desejavam resgatar o próprio "nascimento" da paisagem diante de nossos olhos, é porque não se satisfaziam com um relato puramente analítico e queriam aproximar-se do estilo "propriamente dito" da experiência perceptiva. Assim, as diferentes partes de suas telas são vistas de ângulos distintos, que podem enganar o observador desatento, causando a impressão de "erros de perspectiva". Isso demonstra também que a percepção cotidiana é sempre inacabada, aberta, falha e sujeita a brancos e vazios (Serpa, 2007a).

Já Sartre vai afirmar que, em primeiro lugar, há um ser da coisa percebida enquanto percebida e o modo de ser do percebido é "passivo" (voltaremos logo mais à frente a essa questão do sentido da passividade em Sartre, fundamental para compreensão de sua contribuição para uma "fenomenologia da paisagem"). Mas o modo como o fenômeno da percepção (e do ser) se manifesta à consciência é a um só tempo *presença* e *ausência*. O ser é presença e ausência, porque a essência está radicalmente apartada da aparência individual que a manifesta, já que a essência é o que pode se manifestar através de uma série (infinita) de manifestações individuais: "a aparição, *finita*, indica-se a si própria em sua finitude, mas, ao mesmo tempo, para ser captada como aparição-do-que-aparece, exige ser ultrapassada até o infinito" (Sartre, 2005: 17, grifo no original). E é esta oposição entre finito e infinito aquilo que deve substituir "o dualismo do ser e do aparecer" (2005: 17).

Podemos pensar, então, no contexto da reflexão aqui proposta, que uma paisagem como aparecer é presença e ausência e que sua essência não pode simplesmente se reduzir a uma série finita de manifestações, porque cada uma delas é uma relação com o(s) sujeito(s) em constante transformação: "as aparições que manifestam o existente não são interiores nem exteriores: equivalem-se entre si, remetem a todas as outras aparições e nenhuma é privilegiada" (Sartre, 2005: 15).

Ou seja, uma abordagem fenomenológica da paisagem em Geografia deve revelar o invisível espacial presente no "visível" de cada paisagem, de cada aparição, enquanto "essência", construindo uma tipologia baseada em sistemas materiais e sistemas de valores (Santos, 1994; 1995; 1996a). A essência das paisagens como "aparições" está, portanto, no espaço, no todo espacial como real-abstrato, porque em cada paisagem há uma relação com uma realidade espacial potencial, em perpétua mudança (Serpa, 2006).

Mas voltemos agora à assertiva sartriana de que o ser do percebido é passivo. Aqui, o sentido de passividade é o de um "fenômeno duplamente relativo: relativo à atividade daquele que atua e à existência daquele que padece. [...] a passividade [...] é relação de um ser a outro ser" (Sartre, 2005: 30). A fenomenologia do ser em Sartre assume, portanto, uma relação dialética entre atividade e passividade. E é a partir dessa relação que surge a noção de *prático inerte*, trabalho humano congelado em matéria prenhe de sentidos humanos: Matéria que revela a passividade da ação humana, já que esta última é condicionada por essa materialidade "congelada".

Vista como prático-inerte, a paisagem é ação e passividade, marca e matriz (Berque, 1998), tem seus momentos de passividade, como matéria, mas também de "atividade", como agente condicionador:

> Talvez por aí possamos enfrentar a questão das tendências. Nós sabemos que as tendências e as possibilidades de sua realização dependem muito da maneira como, em cada lugar, se manifesta aquilo que Sartre chamava de prático inerte. (Santos, 1995: 23)

POR UMA GEOGRAFIA DOS ESPAÇOS VIVIDOS

E partir das coisas, elas próprias, exige tomá-las como manifestações parciais da totalidade, encará-las como particularidades.

Dialogando com Sartre, Merleau-Ponty vai afirmar que "se, depois de examinar o espaço, considerarmos as próprias coisas que o preenchem e consultarmos a esse respeito um manual clássico de Psicologia, nele verificaremos que a coisa é um sistema de qualidades oferecidas aos diferentes sentidos e reunidas por um ato de síntese intelectual" (Merleau-Ponty, 2004b: 19). O autor volta ao exemplo de Cézanne para afirmar que o célebre pintor "dizia que devemos poder pintar o cheiro das árvores" (2004b: 22), para, em seguida, citar Sartre quando este afirma, em *O ser e o nada*, que "o amarelo do limão estende-se inteiramente através de suas qualidades, e cada uma de suas qualidades estende-se inteiramente através de cada uma das outras" (2004b: 23). Sua conclusão remete também à paisagem e à percepção da paisagem se considerarmos que "a unidade da coisa não se encontra por trás de cada uma de suas qualidades: ela é reafirmada por cada uma delas, cada uma delas é a coisa inteira" (2004b: 22).

Ora, pensando-se assim, a paisagem se constitui e oferece pelos/aos sujeitos como aparição singular e unitária, *em situação*, através de *todos os sentidos* humanos, não apenas da visão. E sua essência é apenas revelada como razão de uma série (infinita) dessas aparições individuais: o espaço, portanto, não se encontra por trás da paisagem, mas se revela em cada situação, o que explicita a paisagem como conjunto de objetos/coisas, dotado de múltiplas qualidades sensíveis e infinitas possibilidades de aparição/constituição. Merleau-Ponty vai encontrar também argumentos para sua reflexão na obra de Bachelard, consagrada "sucessivamente ao ar, à água, ao fogo e à terra, na qual ele mostra em cada elemento uma espécie de pátria para cada tipo de homem, o tema de seus devaneios, o meio favorito de uma imaginação que orienta sua vida, o sacramento natural que lhe dá força e felicidade" (Merleau-Ponty, 2004b: 26).

Bachelard fala de espaços (e paisagens) amados, daqueles espaços (e paisagens) que ressoam e repercutem na alma dos sujeitos: casa e paisagem são, para ele, "estados da alma" (Bachelard, 1998: 84) e os espaços percebidos pela imaginação não são espaços indiferentes, entregues "à mensuração e à reflexão do geômetra", são espaços vividos (Bachelard, 1998: 19). Em "A poética do espaço", ele quer revelar o *valor ontológico* das imagens poéticas através da dialética do interno e do externo, que repercute, por sua vez, "numa dialética do aberto e do fechado" (Bachelard, 1998: 22).

Em *Ser e tempo*, Heidegger tem uma concepção mais utilitária de natureza e mundo, ao desenvolver uma "fenomenologia do utensílio", já que, nessa perspectiva, "tanto os entes à mão – os utensílios – como a própria natureza permanecem regidos pela *instrumentalidade*, compreendidos, antes de tudo, por sua *serventia* [...] no interior da rede mundana" (Saramago, 2012: 197, grifos no original), delineando uma perspectiva a um só tempo ôntica e ontológica para compreender o fenômeno do mundo e os lugares da existência.[3] Para Saramago, é somente a partir de 1930 que sua concepção de mundo e lugar será marcada pela "entrada da dimensão poética em seu pensamento" (2012: 205), especialmente em *A origem da obra de arte*: "a prerrogativa de dar às coisas o seu rosto tem um marcante papel no tratamento heideggeriano da paisagem nesse momento. Não há, a rigor, no pensamento de Heidegger, reflexões voltadas especificamente para esse tema" (Saramago, 2012: 209).

No entanto, Saramago ressalva que "não são raras suas longas alusões à paisagem, quer quando ele discorre sobre a natureza, quer sobre a terra natal, quer sobre a presença dos deuses. Em *A origem da obra de arte*, a questão da paisagem acaba por se impor, e de uma forma bastante expressiva" (Saramago, 2012: 209). E, de fato, isso acaba por se confirmar, ainda que de modo não tão direto, no referido livro: "na natureza se esconde um traçar, uma medida e limites, e um poder produzir ligado a eles: a arte. Mas do mesmo modo também é certo que esta arte na natureza somente se torna manifesta através da obra, pois ela originariamente se encontra dentro da obra" (Heiddeger, 2010: 179).

Mas, mesmo em *Ser e tempo*, a "natureza", *como paisagem*, é objeto de fascinação para Heidegger, natureza de modo algum compreendida por ele como "algo simplesmente dado", ou estritamente como "poder da natureza", mas como algo que "tece e acontece". Heidegger supõe que a "natureza" é descoberta com o descortinar do "mundo circundante" e é desse modo que ela "vem ao encontro":

> Pode-se prescindir de seu modo de ser à mão e determiná-la e descobri-la apenas em seu modo de ser simplesmente dado. Nesse modo de descobrir, porém, a natureza se vela enquanto aquilo que "tece e acontece", que se precipita sobre nós, que nos fascina com sua paisagem. (Heidegger, 2012: 119)

Como em Sartre, a fenomenologia de Heidegger é, sobretudo, uma ontologia que busca refletir de modo abrangente o sentido do Ser-no-mundo. Esse é seu objeto temático: o Ser dos entes, o sentido do Ser em geral, que para ele é tarefa da ontologia. "Com a questão diretriz sobre o sentido de ser, a investigação acha-se dentro da questão fundamental da filosofia em geral" e a maneira de "tratar esta questão é *fenomenológica*" (Heidegger, 2012: 65-66; grifo no original). No entanto, isso não quer dizer que se "prescreva 'um ponto de vista' ou uma 'corrente'", "pois, enquanto se compreender a si mesma, a fenomenologia não é e não pode ser nem uma coisa nem outra" (2012: 66). Ao atribuir uma "espacialidade à *presença*" vai "conceber este 'ser-no-espaço' a partir de seu modo de ser" (2012: 158; grifo no original). E a espacialidade do ser-em é distanciamento e direcionamento, porque "*na presença reside uma tendência essencial de proximidade*" (2012: 159; grifo no original).

É na ocupação, enquanto ser-no-mundo, que a presença descobre "a cada passo um 'mundo'":

> Dentro de uma circunvisão, o ser-no-mundo é espacial. E somente porque a presença é espacial, tanto no modo de distanciamento quanto no modo de direcionamento, o que se acha à mão no mundo circundante pode vir ao encontro em sua espacialidade. (Heidegger, 2012: 165)

É a presença, ou seja, o "sujeito" compreendido ontologicamente que "é espacial em sentido originário" (Heidegger, 2012). São essas formulações que vão abrir caminho para uma ontologia do espaço (e da paisagem), já que a constituição fundamental de ser-no-mundo se norteia por essa espacialidade essencial da presença (Heidegger, 2012: 168). Aprofundaremos essa discussão na terceira e última seção, apresentada a seguir.

FENOMENOLOGIAS DO PENSAMENTO EM SITUAÇÃO

Se a paisagem é intersubjetiva e um dos aspectos mais visíveis, materiais e aparentes da espacialidade da presença, revelando o sentido (e as conjunturas espaço-temporais) do Ser-no-mundo e o sentido do Ser em geral, então as fenomenologias da paisagem são também ontologias. Essas fenomenologias/ontologias vão, portanto, elucidar, além de sua base intersubjetiva, também a essência intermonadária e histórica da paisagem: ajudam, também, a revelar morfologias e conteúdos outros da paisagem, sob a perspectiva de seres posicionados no mundo, se relacionando intersubjetivamente *em situação*.

Sob essa ótica, as fenomenologias da paisagem são fenomenologias da forma e do movimento de sua transformação, do *pensamento em situação*. Assim, a paisagem se constitui de mundo e transcendências *sempre negociados*. A principal crítica de Sartre a Husserl reside em sua afirmação de que Ser não é conhecer, de que o Ser não pode ser "medido" pelo conhecimento. Em Husserl identifica um *Ser-para*, o que difere suas formulações de Heidegger, para quem Ser é *Ser-com*, explicitando uma *solidariedade ontológica para exploração do mundo*: "O outro não é objeto. Em sua conexão comigo, permanece como realidade-humana; o ser pelo qual ele me determina em meu ser é o seu puro ser apreendido como 'ser-no-mundo'" (Sartre, 2005: 318).

Sartre, embora reconheça avanços nas formulações heideggerianas em relação a Husserl, critica em Heidegger o fato de este último afirmar a realidade humana como "é-com", o que "equivale a dizer que é-com por natureza, ou seja, a título essencial e universal", e isto não nos permite "explicar qualquer ser-com concreto" (Sartre, 2005: 320). Desse modo, também Heidegger não escapa do idealismo. Na verdade, sob a ótica sartriana, Heidegger vai supor "sua fuga para fora de si" como um *a priori* estrutural de seu ser, o que o isolaria de maneira tão inegável quanto nas reflexões de Kant sobre os *a prioris* que condicionam nossa experiência. Mas, "com efeito, o que a realidade humana encontra ao fim inacessível desta fuga para fora de si é ainda o si: fuga para fora de si é fuga rumo ao si, e o mundo aparece como pura distância de si a si" (Sartre, 2005: 323). Como consequência dessa crítica de base, Sartre considera que "seria inútil buscar em *Ser e tempo* a superação simultânea de todo idealismo e de todo realismo. [...] a realidade-humana permanece solitária. [...] E isso porque [...] a existência do outro tem a natureza de um fato contingente e irredutível" (Sartre, 2005: 323).

Segundo Sartre, isso indica também uma dificuldade em Heidegger de passar do ôntico ao ontológico, do universal ao particular, revelando uma "forma bastarda de idealismo" (2005: 322). Nós encontramos o outro, mas não o constituímos (2005: 323). Por outro lado, é ao Para-si que devemos pedir que nos entregue o Para-outro. "É à imanência absoluta que precisamos pedir que nos arremesse à transcendência absoluta: no mais profundo de mim mesmo devo encontrar, *não razões para crer* no outro, mas o próprio outro enquanto aquele que eu não sou" (Sartre, 2005: 323; grifos no original). A tese de Sartre: encontrar o outro aceitando a existência do outro como igual à minha, *vejo-me e me revelo, portanto, no outro.*

Nesse contexto, pode-se afirmar que a paisagem é *Ser-com* (no sentido sartriano) e sempre se realiza e constitui na presença do outro, assim como também na sua ausência. E essa fenomenologia/ontologia radicalmente existencialista da paisagem sublinha seu caráter a um só tempo vertical e horizontal, que penetra os mais diversos horizontes e escalas, sempre vividos no cotidiano e de modo intersubjetivo. A paisagem, a partir dos princípios sartrianos, deve sempre ser encarada como relação de ser a ser, e, de certo modo, também, "um ser que encerra em seu ser o ser do outro" (2005: 319); como coexistência e solidariedade surdas, que revelam "meu 'ser-com', não como relação de uma personalidade única com outras personalidades igualmente únicas, não como conexão mútua de 'os mais insubstituíveis dos seres', mas como total intercambialidade (*interchangeabilité*) dos termos da relação" (2005: 319).

Uma fenomenologia/ontologia existencialista da paisagem abre caminhos também para a consolidação de uma Geografia Humana dos espaços vividos, garantindo *momentos fenomenológicos* em nossas pesquisas, para revelar os paradoxos do cotidiano, assumindo o estranhamento e a surpresa como forma de compreensão da realidade. Uma Geografia Humana dos espaços vividos pode e deve também dialogar e interagir com outras formas de conhecimento geográfico, outros modos de produzir, criar e representar espaço, com as paisagens – e também os lugares e regiões – vernaculares, enraizados na sabedoria e na experiência populares, com as filosofias espontâneas e as histórias vividas, buscando prospectar outros mundos e futuros possíveis (Serpa, 2013).

A "paisagem", termo surgido no século XIV nos Países Baixos, pode ser a chave para o desenvolvimento desta Geografia Humana dos espaços vividos, se assumida como "porta de entrada" para uma abordagem fenomenológica e ontológica da realidade e do mundo na contemporaneidade. A paisagem é o mais operacional dos conceitos à disposição dos geógrafos para levantamentos empíricos, oferecendo-se como *Ser-com concreto*, como uma categoria que proporciona o diálogo entre os diferentes subcampos da Geografia. Por outro lado, sua origem está ligada também às artes pictóricas e à estetização das relações sociedade-natureza, como nos lembra Claval, para quem o impacto das filosofias fenomenológicas influenciou significativamente, desde os anos 1970, a atitude dos geógrafos, que, no momento atual, devem se esforçar por um retorno às sensações e pela desconstrução daquilo que nos foi ensinado através da educação. Só dessa maneira será possível, "através de uma descrição crítica e minuciosa das sensações, compreender as coisas como elas são e penetrar na sua verdadeira natureza" (Claval, 2004: 48). Claval se questiona se não seria este "um convite para se refletir a respeito do olhar sobre o real que os geógrafos sustentam há duas gerações?"; ou "o momento de lembrar que a paisagem é criada pelo observador e que ela depende do ponto de vista que ele escolheu e do enquadramento que ele lhe dá?" (2004: 48).

As fenomenologias/ontologias abrem, sem dúvida, novos caminhos para a compreensão das paisagens na contemporaneidade, permitindo vislumbrar, por trás do conjunto de formas visíveis, conteúdos muitas vezes ocultados por vetores e eventos hegemônicos (Santos, 1996a), conteúdos outros que sustentam "paisagens alternativas" à cultura dominante, como diria Cosgrove (1998). E este "invisível" da paisagem se revela a nós não somente através da visão, mas de todos os sentidos e na presença/ausência de outrem.

Nesse contexto, Merleau-Ponty vai afirmar, a partir de uma reflexão crítica sobre a obra de Sartre *O ser e o nada*, que o que merece o nome de Ser não é o "horizonte de 'ser' puro, mas o sistema das perspectivas que me introduzem nele" (Merleau-Ponty, 2009: 86); que o ser integral não se encontra diante de mim, "mas na interseção de minhas visões e na interseção delas com as dos outros, na interseção de meus atos e na interseção de meus atos e os dos outros" (2009: 86-87); que o mundo sensível e o mundo histórico são sempre *intermundos,*

> [...] pois são o que, além de nossas vistas, as tornam solidárias entre elas e solidárias com as dos outros, instâncias a que nos dirigimos desde que vivemos, registros onde se inscrevem o que vemos, o que fazemos, para aí vir a ser coisa, mundo, história. (Merleau-Ponty, 2009: 87)[4]

Sob essa ótica, a paisagem vai se revelar não só como *intermundo*, interseção de experiências e sensações, mas também como imaginação/imaginário, como "horizonte de ser", na perspectiva apontada por Merleau-Ponty: uma possibilidade de interseção entre Geografia e arte. E isso abre novas perspectivas para uma Geografia que também quer e pode se expressar artística e esteticamente, que busca explicitar as artes e fazeres do cotidiano (Certeau, 1994), revelando-os como enunciações vividas na presença e na ausência do outro (no entanto, fenomenologicamente *sempre presente*), como interface entre o social e o cultural.

Para Milton Santos, é exatamente aí que a fenomenologia vai aparecer "como instrumento fundamental dentro da Geografia. Através das coisas, dos objetos. Isto é, da configuração geográfica. A fenomenologia permite passar do universal ao particular, sem cair no risco de uma interpretação 'coisista', empiricista, indo além da coisa, do objeto, da materialidade do espaço" (Santos, 1996b: 28-29). Vale a pena transcrever mais detidamente as reflexões de Santos, no que tange as relações entre fenomenologia e Geografia:

A dicotomia entre objetividade e subjetividade também pode ser balizada, tanto pela noção de estrutura como pelo uso de um método fenomenológico que inclua o que estou chamando de Geografia existencialista, isto é, abrangente do Ser e do Existir, e (que) não se contente com um enfoque individualista e fragmentário, de onde o movimento do mundo como um todo e da sociedade como um todo é excluído. Trata-se de compreender a produção da particularidade como realização da existência [...]. Assim, as condições estão postas para que se reconstrua, a partir das novas realidades, uma Geografia capaz de ter força explicativa e de participar da necessária reconstrução da teoria social. Essa força, todavia, vai depender, em parte, da associação entre a ciência e a arte. [...] Quanto a nós, geógrafos, acho que nem o fato de estarmos num Instituto de Geociências deve nos levar a dizer que a Geografia é uma ciência. Ela é um conhecimento que ganharia em obedecer àquela sugestão de Bruno Latour, quando decidiu escrever uma novela para contar o resultado de uma pesquisa. (Santos, 1996b: 28-29)

Compreendidas assim, Geografia e paisagem assumem feições decididamente existencialistas e ontológicas, já que revelam "presenças originárias" (corporificadas e posicionadas em *um mundo*), subvertem o dentro e o fora, o grande e o pequeno, o "real" e o "imaginado", a ausência e a presença, colocando em relação o Para-si e o Para-outro e funcionando como interfaces (e horizontes) entre utopias e mundos possíveis, entre ciência e arte.

Notas

[1] Aproveito a oportunidade para agradecer aqui aos estudantes que participaram e contribuíram para o desenvolvimento das reflexões que ganharam forma neste texto, ora apresentado ao leitor. A sala de aula é vista aqui como lugar da experimentação e do confronto de ideias e posicionamentos, como lugar de produção de conhecimento, na concepção de Felippe Serpa, que dizia também que os estudantes são a alma da universidade desde seus primórdios (F. Serpa, 2004).

[2] Optou-se por utilizar as traduções para o português das obras trabalhadas neste capítulo, de modo a facilitar aos leitores brasileiros o acesso à bibliografia aqui citada, embora em alguns momentos, e para algumas obras, os originais tenham sido consultados e confrontados com as traduções pelo autor do presente texto.

[3] As proposições de Heidegger em torno de uma "fenomenologia do utensílio" podem ser desdobradas também para compreender o papel das técnicas no mundo contemporâneo: as técnicas influenciam o modo como percebemos o espaço e o tempo, não só por sua existência física, mas também pela maneira como afetam nossas sensações e nosso imaginário (Serpa, 2011a). Mas se o espaço é passível de uma avaliação objetiva, como "meio operacional", enquanto "meio percebido" vai exigir uma avaliação de cunho subjetivo: "na realidade, o que há são invasões recíprocas entre o operacional e o percebido. Ambos têm a técnica como origem e por essa via nossa avaliação acaba por ser uma síntese entre o objetivo e o subjetivo" (Santos, 1996a: 45). Desse modo, as técnicas podem ser analisadas como produtoras de articulação/contatos/encontro e/ou isolamento/segregação (Serpa, 2011a).

[4] "A implicação dos homens no mundo e dos homens uns nos outros, ainda que se possa fazer apenas graças a *percepções e atos*, é transversal em relação à multiplicidade espacial e temporal do atual" (Merleau-Ponty, 2009: 87; grifos no original).

EXERCITANDO FENOMENOLOGIA DA PAISAGEM

Neste capítulo, pretende-se discutir os princípios da fenomenologia transcendental de Edmund Husserl aplicados à Geografia, refletindo, em especial, sobre a possibilidade de apropriação do procedimento de redução fenomenológica para os estudos da paisagem contemporânea. Em um primeiro momento, busca-se problematizar em linhas gerais as bases filosóficas do pensamento de Husserl para, em seguida, apresentar alguns dos resultados de um exercício de fenomenologia da paisagem, realizado com os estudantes de disciplina homônima, oferecida em 2013 no Programa de Pós-Graduação em Geografia da Universidade Federal da Bahia (Posgeo-UFBA).

Para Merleau-Ponty, parafraseando Eugen Fink (assistente de Husserl), a melhor fórmula para compreender o procedimento da redução é a de uma admiração diante do mundo. A reflexão toma distância do mundo, "para ver brotar as transcendências", distendendo "os fios intencionais que nos ligam ao mundo para fazê-los aparecer", para revelar o mundo como paradoxo. O princípio da redução é simples, mas de difícil realização, pois para apreender o mundo como "paradoxo" é necessário "romper nossa familiaridade com ele" (Merleau-Ponty, 2006: 10).

Pode-se afirmar para a "paisagem" o mesmo que Merleau-Ponty proclama para a "busca da essência do mundo": buscá-la não é procurar aquilo que o mundo (ou a paisagem) é(são) em "ideia", mas o que de fato o mundo (e a paisagem) é(são) para nós "antes de qualquer tematização" (Merleau-Ponty, 2006: 13). A redução é "a resolução de fazer o mundo aparecer tal como ele é antes de qualquer retorno sobre nós mesmos", igualando a reflexão à "vida irrefletida da consciência" (Merleau-Ponty, 2006: 13).

IMANÊNCIA, TRANSCENDÊNCIA, FENÔMENO E SITUAÇÃO

Para Husserl, a fenomenologia é uma doutrina universal das essências que coloca em questão todo o conhecimento, já que "de início, não nos é permitido admitir conhecimento algum como conhecimento" (Husserl, 2000: 23). E o que está em xeque em um primeiro momento é tanto o conhecimento intuitivo da consciência como o conhecimento das ciências objetivas (ciências da natureza e do espírito), porque "a crítica do conhecimento é uma ciência que quer continuamente, só e para todas as espécies e formas de conhecimento, criar claridade, então não pode *utilizar nenhuma ciência natural*; não pode religar-se a seus resultados nem às suas asserções sobre o ser" (Husserl, 2000: 25; grifos no original). Tudo isso deve permanecer em questão para a crítica do conhecimento, pois "todas as ciências são para ela apenas *fenômenos da ciência*" (Husserl, 2000: 25; grifos no original).

Baseando-se na fenomenologia transcendental de Husserl, o que deve importar para a Geografia é a situação, que coloca todos os transcendentes em suspensão, focando nas imanências e na constituição do transcendental. É a situação que relativiza o singular e o universal. Aqui, a coisa é o singular, o absolutamente dado; o universal é a consciência, o intuitivamente dado. O que liga o singular e o universal, a coisa e a consciência é o intentado puro, a intuição pura, o absolutamente dado da consciência, que intenta a coisa através do fenômeno. A consciência em ato assume aqui o papel de instituinte. Na fenomenologia de Husserl,

> [...] as coisas são e estão dadas em si mesmas no fenômeno (*Ersheinung*) e em virtude do fenômeno; são ou valem, claro está, como individualmente separáveis do fenômeno, na medida em que não importa este fenômeno singular (a consciência de estar dadas). (Husserl, 2000: 33; grifos no original)

Ou seja, as coisas são e estão dadas de modo essencialmente inseparável do fenômeno. O fenômeno é por isso mediação, que resulta do caráter particular da situação, é a síntese do momento e da conjuntura, vividos em sua plenitude. Nesse contexto, busca-se compreender – em situação – como a coisa[1] vira consciência e como a consciência intenta a coisa. O imanente incluso da coisa gera o imanente ingrediente da consciência, que, por sua vez, transforma a imanência inclusa da coisa (e também se transforma!). Surge, assim, a transcendência ingrediente, que é o retorno do intentado puro original à consciência com a imanência inclusa da coisa transformada.

Segundo Husserl, essa transcendência ingrediente é justamente o que se busca revelar com base em sua fenomenologia transcendental, pois se trata de outra transcendência, "cujo contrário é uma imanência inteiramente diversa, a saber, *o dar-se absoluto e claro, a autopresentação em sentido absoluto*" (Husserl, 2000: 61; grifos no original). E esse é um estar dado que não deixa margem à dúvida e pode ser compreendido como uma evidência imediata. Há, porém, outro sentido para a transcendência, que deve ser evidenciado (e se possível "evitado") no exercício da redução eidética:[2] "é transcendente no segundo sentido todo o conhecimento não evidente, que intenta ou põe o objectal (*das Gegenständliche*), mas *não o intui ele mesmo*" (Husserl, 2000: 61; grifos no original).

A fenomenologia transcendental quer saber como o pensamento dá forma à coisa em seu intentar puro, original, e como esse intentar puro processa a coisa através do fenômeno. Nesse esquema, o fenômeno liga o pensamento à coisa e dá forma ao pensamento sobre a coisa. A fenomenologia quer entender as origens da lógica, de qualquer lógica, seu campo de atuação é a esfera das origens. A fenomenologia é, assim, radicalmente processual e sincrônica porque o tempo é suspenso, colocado em seu papel instituinte e processual: o tempo da fenomenologia é, portanto, sincrônico e processual.

REDUÇÃO FENOMENOLÓGICA

A imanência inclusa é diferente do absolutamente dado, que é relação e está em relação com a consciência. A redução fenomenológica não exclui o verdadeiramente transcendente (a consciência, o universal). É investigação das essências, é captação do sentido da evidência absolutamente intuitiva, que a si mesma se apreende: quer elevar o intuído à consciência do universal. A redução é percepção evidente e reduzida, é análise das essências na esfera da evidência imediata. A (difícil!) tarefa aqui é a de rastrear todas as formas do dar-se das coisas e todas as correlações, exercendo sobre todas elas a análise esclarecedora.

Buscando construir uma determinação mais precisa para o procedimento de redução, Husserl vai afirmá-la não como "exclusão do verdadeiramente transcendente", mas "exclusão do transcendente em geral", ou seja, "de tudo que não é dado evidente no sentido genuíno, dado absoluto do ver puro" (Husserl, 2000: 25). A redução coloca em suspensão todo recurso a qualquer saber, a qualquer conhecimento: "a investigação deve manter-se no puro ver". Nesse contexto, os conhecimentos valem o que valem, "quer a respeito deles se seja cético ou não" (Husserl, 2000: 25).

Conforme a doutrina de Husserl, a redução eidética é um primeiro passo para a realização de uma tarefa "formidável", a saber: a tarefa de elaboração de uma teoria constitutiva da natureza física, mas também de uma teoria do homem, da sociedade humana, da cultura etc.: "Trata-se em cada um dos casos de desvendar a intencionalidade implicada na própria experiência (enquanto esta constitui um estado vivido transcendental); trata-se de uma explicação sistemática dos 'horizontes da experiência'", em suma, do ato de explicitar as "evidências possíveis que poderiam 'preencher-lhes' as intenções, e que, por sua vez, conformemente a uma lei de estrutura essencial, fariam renascer em torno delas 'horizontes' sempre novos; e isso ao estudar continuamente as correlações intencionais" (Husserl, 2001: 85).

Aqui abro um breve parêntese para sublinhar a importância fundamental da noção de "constituição fenomenológica" em Husserl, que quer dizer em princípio a "constituição de um objeto intencional em geral" (Husserl, 2001: 75), algo especialmente interessante para um exercício de fenomenologia da paisagem: como, afinal, a paisagem se constitui para os sujeitos como objeto intencional? A constituição fenomenológica da paisagem quer dizer, sobretudo, que esta paisagem "vale" para quem a constitui de modo intencional, é uma *aquisição durável* para mim:

> [...] posso "sempre retornar" à realidade ela mesma percebida, em cadeias formadas por evidências novas que serão a "reprodução" da evidência primeira. [...] Sem tais possibilidades, não haveria para nós o *ser estável e durável*, mundo real ou ideal. (Husserl, 2001: 81; grifos no original)

PRINCÍPIOS FENOMENOLÓGICOS

Vimos, até aqui, que a fenomenologia do conhecimento é ciência dos conhecimentos como atos da consciência, ciência das objectalidades, de como a si mesmas se exibem, mas também, e sobretudo, uma "ciência da subjetividade". A percepção reflexa intuitiva e a fantasia reflexa intuitiva são, aqui, absolutos. É isso, de certo modo, que fundamenta e justifica a redução fenomenológica: a percepção e a fantasia em ato, em situação, evidenciando-se a intuição como matéria-prima para ambas.

Busca-se simplesmente ver e apreender "o que se dá a si mesmo", com a condição que haja "um ver real, uma real autopresentação no sentido mais estrito", "o absolutamente compreensível por si mesmo" (Husserl, 2000: 77). O dar-se da *cogitatio* pura é, assim, um dado absoluto. O "modo fenomenológico" baseia-se na percepção reflexa e puramente imanente, na forma de percepção reduzida, daquilo que intentamos intuitiva e apreensivamente. Um "ver real", que não visa a algo que não se dá. E isso é diferente de visar, crer, fundamentar algo que não está dado.

Para a crítica, no seu começo, não pode valer como dado nenhum conhecimento sem exame. Isso não exclui a evidência da *cogitatio*, mas trata as *cogitationes* como fenômenos absolutos. Trata a imanência como caráter necessário de todo o conhecimento, assumindo a imanência universal da consciência. A *cogitatio* tem "momentos ingredientes", mas, também, as coisas que intenta, como vivências (mas não inclusivamente, como fragmentos). "Mais facilmente apreensível, pelo menos para quem consiga colocar-se na posição do puro ver e evitar todos os preconceitos naturais, é o conhecimento de que *podem chegar ao absoluto dar-se em si* não só objetos singulares, mas também *universalidades*" (Husserl, 2000: 78-79; grifos no original), universalidades compreendidas aqui como objetos e estados de coisas universais. Para Husserl, "este conhecimento é de importância decisiva para a possibilidade de uma fenomenologia" (Husserl, 2000: 79).

Estamos no terreno da outra transcendência que mencionamos anteriormente: o dar-se absoluto e claro, a evidência imediata, o ver e o captar absolutamente imediatos da própria objectalidade intentada e tal como é. O *a priori* fenomenológico é conhecimento dirigido puramente para essências genéricas, na esfera das origens, dos dados absolutos, baseado na intuição genérica: "e tem aqui também o seu legítimo lugar o falar de *a priori*. Pois que significa conhecimento apriórico – pelo menos no caso de excluirmos os conceitos empiristicamente falseados de *a priori* – senão um conhecimento puramente dirigido para essências genéricas [...]?" (Husserl, 2000: 79).

INTERSUBJETIVIDADE

O mundo intersubjetivo da fenomenologia revela a transcendência como ato compartilhado entre os seres humanos, como transcendência "negociada". Admitir a possibilidade de um mundo intersubjetivo como transcendência ingrediente, partilhada e negociada, revela que as investigações fenomenológicas são investigações universais de essências, vistas como possibilidades "universalmente em questão". A consciência dos sujeitos deve revelá-los em situação, "e é apenas sob essa condição que a subjetividade transcendental poderá [...] ser uma intersubjetividade" (Merleau-Ponty, 2006: 9).

De acordo com Husserl, o homem já é essencialmente, enquanto indivíduo, membro de uma sociedade, implicando uma comunidade de homens, ou seja, *"uma existência recíproca de um para outro"*. E isso, consequentemente, implicaria também "uma assimilação objectivante que coloca o meu ser e o dos outros no mesmo plano. [...] É igualmente claro que os homens só podem ser apreendidos como encontrando (na realidade ou em potência) outros homens em torno de si" (Husserl, 2001: 164-165; grifos no original). Enfatizando o próprio caráter infinito e ilimitado da natureza, Husserl vai ressaltar que esta se torna então "uma natureza que abarca uma multiplicidade ilimitada de homens [...], como sujeitos de uma intercomunhão possível" (Husserl, 2001: 165).

É a essa "comunidade de homens" que Husserl designa como intersubjetividade transcendental, "constituída como trazendo em si própria o mesmo mundo objetivo", o que permite que "este mundo seja ao mesmo tempo *mundo dos homens*, [...] constituído [...] *na alma de cada homem particular*, nas suas experiências [...] intencionais, nos seus sistemas potenciais de intencionalidade" (Husserl, 2001: 165-166; grifos no original).

O mundo fenomenológico, segundo Merleau-Ponty (2006: 18), é "inseparável da subjetividade e da intersubjetividade que formam sua unidade pela retomada de minhas experiências passadas em minhas experiências presentes, da experiência do outro na minha", portanto, não é "a explicitação de um ser prévio, mas a fundação do mundo" (2006: 19). A redução fenomenológica como procedimento ensina que é necessário reaprender a ver o mundo, recusando-lhe nossa cumplicidade: "é porque somos do começo ao fim relação ao mundo que a única maneira, para nós, de apercebermo-nos disso é suspender esse movimento [...] colocá-lo fora do jogo" (Merleau-Ponty, 2006: 10).

Por outro lado, o procedimento de redução ajuda a desnudar paulatinamente as ações da consciência para tornar conhecidas suas essências, essências que poderão ser experienciadas conscientemente por cada indivíduo e que muitas vezes mostrarão algo em comum com as essências experienciadas por outros indivíduos, sublinhando a consciência humana e seus atos como um "universal".

O CURSO DE FENOMENOLOGIA DA PAISAGEM NO POSGEO-UFBA

Uma guinada teórico-metodológica de minhas pesquisas em direção a procedimentos que buscassem a articulação entre dialética e fenomenologia (ver com mais detalhes Serpa, 2006; 2007a; 2013) me estimulou a propor a retomada do tópico especial Fenomenologia da Paisagem como disciplina optativa para os mestrandos em Geografia, a partir de agosto de 2006. O curso foi ministrado pela primeira vez por Milton Santos, quando de sua reintegração aos quadros da UFBA e da criação do mestrado em Geografia, em 1995. Estive presente como ouvinte em algumas aulas do curso ministrado por Milton

Santos em Salvador. As aulas transcorriam no Instituto de Geociências sob sua batuta, com extensa bibliografia e um público muito interessado. Era um momento importante para a Geografia baiana, com a instalação do primeiro mestrado nesta área de conhecimento no estado.

Para Milton Santos, poder-se-ia compreender a *paisagem como artefato e como sistema*, já que a paisagem é evidentemente uma produção humana, caracterizando-se como um conjunto de elementos/objetos interligados. Poder-se-ia também elaborar uma crítica da paisagem contemporânea a partir da ideia de *paisagem como riqueza*, visto existirem paisagens que podem melhor favorecer a produção/circulação de mercadorias, ou *como ideologia*, posto que a paisagem sempre exprime e condiciona um conjunto de crenças e ideias, e, ainda, como *história*, já que a paisagem cristaliza momentos e períodos históricos em seus processos de constituição (e transformação). Foram essas ideias/esses princípios que me instigaram a retomar o curso Fenomenologia da Paisagem no mestrado em Geografia da UFBA,[3] mais de uma década depois, no segundo semestre de 2006.

Essa foi uma experiência importante não só para mim, que coordenei a disciplina, mas para os estudantes, que desse modo descobriram a diversidade da abordagem espacial de Milton Santos, desconstruindo a visão unilateral e estrita de sua obra como exclusivamente "marxista" e/ou "dialética". Milton Santos ensinou que não há "nenhuma contradição entre fenomenologia e dialética" (Santos, 1995: 22),[4] apostando em um enfoque existencialista para a análise crítica da paisagem e das relações sociedade-natureza no mundo contemporâneo. Na retomada do curso, em 2006, buscamos discutir e aprofundar as bases teórico-metodológicas da fenomenologia; as contribuições de Edmund Husserl, Jean-Paul Sartre, Merleau-Ponty e Gaston Bachelard; a fenomenologia da paisagem; a interpretação da paisagem a partir dos objetos; a interpretação da paisagem e as múltiplas visões do problema; o visível e o invisível: o espaço como método de estudo da paisagem.

A disciplina também foi oferecida pelo Posgeo-UFBA no segundo semestre de 2008 e no segundo semestre de 2013. A partir de 2013, incluiu-se na bibliografia e nas discussões a fenomenologia da presença, de Martin Heidegger, em especial sua obra seminal *Ser e tempo*, e novos textos de Geografia Humanista, em especial dos pesquisadores do Grupo Geografia e Fenomenologia (ver, por exemplo, Marandola Jr., Holzer e Oliveira, 2013 e o periódico *Geograficidade*).

Antes de passar à descrição e à análise do exercício de redução fenomenológica inspirado em Husserl, na próxima seção, convém ainda explicar que, desde a retomada do curso, os exercícios práticos compõem a estrutura programática da disciplina: após as discussões teóricas relativas aos textos filosóficos abordados em sala de aula, os exercícios são organizados com o intuito de esclarecer e experienciar na prática as propostas fenomenológicas dos autores. A seguir discutiremos o exercício realizado em 2013, com os estudantes de pós-graduação (mestrado e doutorado) matriculados na disciplina naquele ano.

EXERCÍCIO DE REDUÇÃO EIDÉTICA: "DESCRIÇÃO REDUZIDA" COMO ATO DE "PRÉ-COMPREENSÃO"?

O exercício foi pensado para a participação de 12 estudantes, divididos em duplas, como forma de aprofundar a experiência da paisagem como fenômeno e como mediação. Também tinha como objetivo a busca de compreensão sobre os princípios da redução fenomenológica, focando na abordagem do "absolutamente dado das coisas" (aqui, "coisas" no sentido dos "elementos da paisagem") e do "intentar/intuir puro" da consciência dos sujeitos observadores em situação.

A experiência da redução fenomenológica ocorreu no Morro do Cristo, na orla do bairro da Barra em Salvador. Os estudantes foram solicitados a se posicionar em duplas em pontos específicos para a observação da paisagem (fotos 1 e 2); a escolha do lugar de posicionamento de cada dupla deveria ser acordada entre os dois componentes. A partir daí foi distribuído um roteiro dividido em "momentos", com o intuito de auxiliar os estudantes na realização do exercício:

Momento um: descrever sozinho as "coisas"/os elementos que compõem a paisagem[5] sem correlacioná-las(-los). Para cada uma das coisas descritas, evidenciar o que provocam em termos perceptivos no observador em uma palavra ou expressão-síntese.

Momento dois: comparar a descrição e palavras/expressões-síntese com as do parceiro de dupla.

Momento três: buscar a correlação das coisas como "paisagem" com o parceiro da dupla, descrevendo essas correlações e "negociando" uma imagem/representação-síntese para a paisagem descrita.

Momento quatro: evidenciar as operações/os dados transcendentes (aquilo que não está absolutamente dado, que não aparece de modo imediato na situação), na descrição da dupla e na construção da imagem/representação-síntese para a paisagem descrita.

Foto 1 – Dupla posicionada para realização do exercício de redução fenomenológica.

Fonte: foto do autor.

Foto 2 – Dupla posicionada para realização do exercício de redução fenomenológica.

Fonte: foto do autor.

Os resultados da experiência que passamos a descrever e analisar nesta seção compõem os relatórios finais de cada dupla entregues no encerramento da disciplina, em 2013, na Universidade Federal da Bahia.

Para todas as duplas, a primeira dificuldade consistiu em encontrar palavras e termos adequados para a descrição dos elementos da paisagem em uma "versão reduzida" de percepção e repertório. Uma das duplas (que aqui mencionaremos sempre como "dupla 1"), por exemplo, resumiu em um quadro as descrições de cada componente para os elementos isolados, associando a eles o sentimento despertado em cada observador para cada elemento descrito: para a areia, a conotação de uma superfície bege e vazia (sentimento de "vazio"), para a grama, superfície plana, de cor verde, que recobre os morros e o planalto (sentimento de "descanso"), para os prédios, estruturas sólidas e estáticas, que apresentam linhas retilíneas regulares, de cores variadas (sentimentos de "imposição" e "estranhamento"), para o céu, plano cinza claro, com manchas azuladas, massa de cor branca e aparência leve e flutuante (sentimento de "proteção"), para o mar, superfície esverdeada, horizontal, com pequenas rugosidades, em movimento ou massa plana, lisa, azul-esverdeada-acinzentada, fluida, inquieta na superfície mas serena no todo (sentimentos de "curiosidade" e "mistério"), para as pessoas, seres vivos que se movimentam sobre a superfície bege ou dentro da superfície cinza esverdeada, pequenos elementos móveis que se posicionam ora na vertical, ora na horizontal (sentimentos de "movimento" e "graça").

Outra dupla ("dupla 2") buscou mediar e negociar as diferenças desde a descrição inicial, mesclando os momentos um e dois do exercício, comparando suas palavras/expressões-síntese, chegando ao seguinte resultado: mar: corpo hídrico, movimento; sol: luz e calor; rochas: duras, cordão protetor; areia: sujeira, brincadeira; pessoas: convivência, disputa por espaço; grama: sombra, conforto, descanso; prédios: concreto, artificial, novo; céu: distância, infinito. Uma terceira dupla ("dupla 3") descreveu assim os elementos isolados da paisagem observada: céu: leveza; areia: aspereza, sujeira; mar: beleza, silêncio, abrigo, paz; prédios: concreto, artificial; grama: umidade; pessoas: convivência, coexistência; rochas: coesas, duras. A dupla 3, após a finalização do exercício e do debate com os demais estudantes, concluiu que as palavras escolhidas para a descrição dos elementos, nos primeiros momentos, já estavam "impregnadas de transcendências" de toda ordem, buscando substituir alguns termos da descrição por noções que consideravam mais "universais", como, por exemplo, prédios por construções, coqueiro por vegetação, grama por vegetação rasteira, barraca por objeto que proporciona sombra, escada por degraus etc.

As componentes da dupla 1 descreveram assim a paisagem vislumbrada a partir do Morro do Cristo, no terceiro momento do exercício (foto 3):

EXERCITANDO FENOMENOLOGIA DA PAISAGEM

A partir dos nossos pés a grama aparecia como um tapete verde, recobrindo aquele pedaço de patamar que nos separava do restante da paisagem. Espalhados sobre o tapete verde havia conjuntos irregulares de outros elementos verdes, em diversas tonalidades que se moviam sem se deslocar no espaço. Alguns eram grupamentos irregulares e elipsais mais baixos que outros formados por dois elementos distintos: uma parte fina, marrom escuro, presa ao solo e contínua e, sobre esta, uma parte verde também elipsal, formada de várias pequenas partes, que compunham um todo descontínuo, o qual apresentava movimentos ondulantes. O tapete verde recobria também pequenos morros – superfícies rugosas, verdes, inclinadas, que se encontravam com os prédios, dando uma ideia de continuidade. A grama dava uma sensação de descanso, enquanto os morros a sensação de sustentação àqueles prédios – estruturas sólidas, estáticas, com formatos regulares de cores variadas, que davam a sensação de estarem impondo sua presença aos outros elementos. Seguindo aquelas estruturas até seu topo, elas se encontravam, mas de uma maneira desarmônica, com o plano cinza claro, com manchas azuladas em tons ora mais opacos, ora mais translúcidos, formado pelo céu, que estava quase completamente coberto por elementos brancos ou acinzentados, ora opacos ora translúcidos que se movimentam lentamente lhe conferindo uma textura diferente daquela das partes azuis. Os dois elementos formavam uma massa que cobria nossas cabeças e parecia ser única e, ainda que distante, dava a sensação de aconchego e curiosidade. A lentidão desta vista, em um momento, foi quebrada pelo surgimento de pequenos seres triangulares e delicados que planavam na atmosfera, nos causando surpresa. Esta massa encontrava-se com o mar, uma superfície que refletia o tom acinzentado das nuvens daquele dia, contraindo um tom esverdeado, fluido, com pequenas rugosidades criadas pelo efeito do vento. Uma linha grafite marca o encontro de duas superfícies, quebrando a translucidez da aproximação entre elas. Aquele lençol cinza esverdeado parecia inquieto e sereno ao mesmo tempo, e dava a sensação de mistério e curiosidade, vontade de se aproximar e tocar. Realizava movimentos ora calmos, ora bruscos, sobretudo ao encontrar-se com a barreira formada por grupos de objetos irregulares, alguns planos, outros com tamanhos e formatos variados, sólidos e opacos, que transmitem a sensação de força e rigidez ao provocarem aquelas explosões esbranquiçadas nesse encontro. Seguindo essa explosão, encontrávamos com uma superfície plana de cor bege que dava a ideia de ruptura quando encontrava com a grama onde estávamos posicionadas. Nela, pequenos elementos móveis se destacavam. Seres que se posicionavam ora verticais, ora horizontais, se dobravam sobre si mesmos, se abriam, se fechavam, se deslocavam rápido ou devagar e mergulhavam na massa cinza esverdeada. Nos divertimos com seus movimentos. O vento, um dos elementos invisíveis identificados naquela paisagem, fazia pressão sobre a vegetação, o mar e os nossos rostos e corpos, como um afago contundente e voluntarioso. Provocou-nos a sensação de

|45|

resfriamento, pois estava o dia muito quente, e de liberdade. Observar todos aqueles elementos tirava a atenção do som do trânsito ao fundo. Ouvíamos apenas o som do vento nas folhas. E odor, apenas o da grama misturado à terra ao nosso redor.

Para essa dupla, o exercício realizado serviu para esclarecer um dos aspectos fundamentais relativos ao procedimento de redução fenomenológica proposto por Husserl, qual seja: uma descrição reduzida das vivências, neste caso específico de vivências perceptivas relacionadas com a paisagem.[6] O exercício auxiliou também na identificação dos dados transcendentes de suas descrições, evidenciando os aspectos objetivos, subjetivos e intersubjetivos da relação sujeito observador-paisagem, estes últimos especialmente na descrição negociada da paisagem, citada anteriormente. Segundo essa dupla, se é fato que o local onde se encontravam fornecia uma "mesma" imagem "quase completamente estática, a não ser pela presença de umas poucas pessoas na praia, pela vegetação e pelo mar levemente movimentados pelo vento", em alguns momentos do exercício de redução, as descrições e as sensações se aproximaram, em outros se afastaram, ainda que os membros da dupla estivessem posicionados no mesmo ponto de observação, mostrando que a paisagem é "constituída", por um lado, de um modo particular por cada indivíduo e, por outro lado, de um modo intersubjetivo e negociado, abrindo a possibilidade de surgimento de "universais" negociados intersubjetivamente.

Foto 3 – A paisagem vislumbrada a partir do Morro do Cristo, Salvador.

Fonte: foto do autor.

O momento três do exercício abriu caminho para o passo seguinte: a negociação de uma imagem-síntese para a paisagem observada e descrita nos momentos anteriores. Uma dupla (dupla 4) chegou à "apropriação" como imagem-síntese, "seja ela pela permanência mais duradoura de alguns elementos (cristalização), seja pelo movimento e passagem de outros. As delimitações encontradas na paisagem são também reveladoras de tipos de apropriações", enquanto a dupla 1 sintetizou sua percepção/representação da paisagem observada como "continuidades e descontinuidades harmônicas". Outra dupla (dupla 5) se sentiu, no exercício realizado, como "parte da paisagem": a aparição de pessoas, que se aproximavam das duplas durante os momentos de descrição, levou à reflexão sobre os significados de um mundo vivido e intersubjetivo, bem como sobre as percepções individuais enquanto experiências vividas (e sempre negociadas). Finalmente, a imagem-síntese negociada pela dupla 6 foi a de um "conjunto de coisas em repouso e movimento", uma "paisagem de contrastes".

Para a dupla 3, o mar foi o primeiro elemento que se destacou na paisagem, o mais marcante, e a descrição negociada da paisagem no momento três do exercício expressa essa sensação inicial:

> O mar que se estende até a linha do horizonte, na cor azul escuro, e que brilha refletindo a luz do sol; que tem um movimento evidente e inteiro e pontos brancos que aumentam e se espalham quando o azul chega à areia. Acompanhando o mar, há a linha do horizonte, que separa dois tons de azul, a primeira vista uma linha reta e estática, mas sob um olhar mais atento uma linha tortuosa e variável. O azul claro se prolonga desde a linha até onde não podemos ver por cima de nós. Não há movimento evidente, há formas brancas também, essas, sim, em movimento, de tamanhos variados e espalhados. Além disso, a paisagem se transforma a partir da areia, onde as pessoas estão mais evidentes e preenchem o espaço com seus fluxos, seus movimentos, seus gestos e sua relação clara com a paisagem. A rua se revela como fronteira em uma paisagem que se divide em partes com predominância de elementos naturais e partes com predominância de elementos construídos. A cidade se revela nas pessoas que também habitam essas partes e sua fronteira definida pela calçada e pela rua mais imediata. O mar torna-se urbano.

No momento quatro do exercício, essa mesma dupla 3 buscou identificar e descrever as operações que realizaram para chegar a "sua" imagem/representação-síntese: paisagem apropriada como cartão-postal da cidade de Salvador e do estado da Bahia (foto 4). Para a dupla, uma "paisagem metonímica":

A dupla é formada por estudantes que não nasceram em Salvador e, por isso, um dado transcendente desta paisagem é a sua função turística já tão elaborada e difundida. Percebemos que, dessa forma, essa paisagem não se constituiu (ainda) como um lugar de identidade, não é tão familiar, há uma olhar de distanciamento, é ainda algo novo. A nossa percepção se impregna de um imaginário construído pela mídia e pelo turismo, diferentemente do que os soteropolitanos já construíram ou podem construir na relação com essa paisagem.

Foto 4 – Paisagem apropriada como cartão-postal, Morro do Cristo, Salvador.

Fonte: foto do autor.

Ao final do exercício, reuniram-se as duplas e foram debatidos os resultados e as dificuldades encontradas para a realização do procedimento de redução fenomenológica, nos moldes como proposto por Husserl. Durante o debate e no relatório apresentado, a dupla 3 sintetizou bem as experiências vividas por todo o grupo de estudantes durante a atividade: "ficou evidente a dificuldade para descrever a paisagem colocando o conhecimento, ou seja, o nosso repertório, em suspensão, como a redução fenomenológica propõe". Para a dupla (com o que concordaram os demais participantes das outras duplas), "sobraram" palavras que expressam transcendências e "faltaram" os termos para descrever "o absolutamente dado" na situação. Tomamos essas últimas assertivas como mote para a conclusão deste capítulo, na seção que se segue.

A PAISAGEM COMO ATO INTENCIONAL

A paisagem como ato intencional tem a um só tempo um "eu"-polo (noesis) e um "objeto"-polo (noema). O exercício de redução aqui apresentado destacou os aspectos "noemáticos" na constituição do fenômeno "paisagem", demonstrando a necessidade de uma descrição reduzida de seus elementos e de como estes se relacionam "em situação", como primeiro passo para uma análise rigorosa de como surge a paisagem como fenômeno "universal", negociado e partilhado entre diferentes sujeitos (ou diferentes "eus"-polo).

De modo geral, podemos afirmar que o exercício de redução fenomenológica realizado evidenciou os aspectos subjetivos e intersubjetivos nos processos de constituição da paisagem contemporânea, bem como a necessidade de aprofundamento de procedimentos metodológicos que deem conta da complexidade envolvida nesses processos, especialmente em seus aspectos "noéticos".

Por outro lado, devemos lembrar, com Merleau-Ponty, que "o maior ensinamento da redução é a impossibilidade de uma redução completa" e é certamente por isso que Husserl vai se questionar de modo recorrente sobre a possibilidade da redução: "Se fôssemos o espírito absoluto, a redução não seria problemática. Mas porque, ao contrário, nós estamos no mundo, [...] não existe pensamento que abarque todo o nosso pensamento (Merleau-Ponty, 2006: 10-11).

O maior ganho desse tipo de procedimento parece ser a conscientização pelos participantes de que nem o mundo nem a paisagem são dados absolutos ou externos aos seres humanos, mas se constituem neles e a partir deles, o que torna paisagem e mundo "universais sempre negociados". Desse modo, a redução fenomenológica não é a "fórmula de uma filosofia idealista", mas, sim, a "fórmula de uma filosofia existencialista", radicalmente humanista e centrada nos seres humanos. A busca das essências não é uma meta, mas um meio, e "nosso engajamento efetivo no mundo é justamente aquilo que é preciso compreender e conduzir ao conceito e que polariza todas as nossas fixações conceituais" (Merleau-Ponty, 2006: 11).

E partir das coisas, elas próprias, exige tomá-las como manifestações parciais da totalidade, encará-las apenas como particularidades (Serpa, 2007a). A totalidade não preexiste aos seres humanos, mas se constitui neles e a partir deles em suas experiências intencionais e intersubjetivas, cujas "operações" cotidianas a redução fenomenológica sem dúvida alguma ajuda a revelar.

Notas

[1] Aqui, levando-se em conta as sutilezas do idioma alemão, que distingue *"Ding"* e *"Sache"*, este último termo já admitindo uma elaboração do objeto pela consciência, significando também *"Gegenstand"*, optou-se pela interpretação de "coisa" com o sentido de *"Ding"*, ou seja, o objeto imanente que antecede o momento de sua constituição como objeto transcendente pela consciência. Desse modo, busca-se realçar o problema de como são constituídas "as objetividades da consciência", conforme discutido por Husserl nas "Ideias I" (Husserl, 2006: 197).

[2] "Toda redução, diz Husserl, ao mesmo tempo em que é transcendental, é necessariamente eidética. Isso significa que não podemos submeter nossa percepção do mundo ao olhar filosófico sem deixarmos de nos unir a essa tese de mundo, a esse interesse pelo mundo que nos define, sem recuarmos para aquém de nosso engajamento para fazer com que ele mesmo apareça como espetáculo, sem passarmos do *fato* de nossa existência à *natureza* de nossa existência" (Merleau-Ponty, 2006: 11; grifos no original).

[3] Desde 2011, com a criação do doutorado, a área de Geografia conta com um programa de pós-graduação completo na Bahia, com mestrado e doutorado, o Posgeo-UFBA.

[4] Como Milton Santos (1995), acreditamos que estão abertas as possibilidades para uma Geografia igualmente fenomenológica e dialética, apostando em um enfoque existencialista para a análise crítica da paisagem e das relações sociedade-natureza no mundo contemporâneo.

[5] O momento um diz respeito à descrição de cada coisa/elemento enquanto o momento três refere-se à descrição da correlação desses elementos/coisas como "paisagem". Busca-se revelar, através dos diferentes momentos do exercício, a questão da relação parte-todo expressa na constituição das paisagens.

[6] Admite-se que, com o exercício aqui apresentado, não se chegou a uma análise definitiva das vivências das duplas. O termo *vivência* refere-se aqui tanto aos objetos efetivamente vivenciados como a seus correlatos intencionados pela consciência (e isso vale ao mesmo tempo para os elementos componentes das paisagens e para as paisagens elas mesmas). Uma redução fenomenológica definitiva deveria buscar aprofundar uma análise das vivências nesses termos, na direção apontada pelo exercício preliminar de descrição reduzida de percepções e sensações, como discutido neste capítulo.

CRÍTICA DIALÉTICO-FENOMENOLÓGICA DA PAISAGEM CONTEMPORÂNEA

Remetemo-nos aqui, primeiramente, a uma conferência proferida por Milton Santos no II Encontro Nacional de Paisagismo, realizado na Faculdade de Arquitetura e Urbanismo da Universidade de São Paulo, em 1995. Achamos importante resgatar algumas daquelas ideias, pois elas hoje parecem ter ainda mais sentido e atualidade do que quando foram elaboradas na forma da conferência citada e porque temos também a sensação de que faltam, no momento, discussões epistemológicas mais aprofundadas sobre o conceito de paisagem e sua operacionalização no ensino e na pesquisa de Geografia no Brasil.

Eis as ideias que gostaríamos de sublinhar neste primeiro momento, apresentadas sem estabelecer uma hierarquia prévia entre elas:

– Tendência muito forte, em considerar, com frequência, o objeto como ator;
– Os riscos do formalismo, do empirismo e do funcionalismo;
– A possibilidade de tratamento dos objetos de forma sistemática e globalizante;
– Os objetos têm qualidades de primeira ordem, naturais e técnicas, e qualidades de segunda ordem, qualidades "sociais";
– Os objetos e a paisagem não têm valor, o valor é dado pelo espaço, pelo casamento entre o sistema de objetos e o sistema de ações;
– A paisagem é sistema material, o espaço, sistema de valores;

- A paisagem é sempre fragmentária, uma "totalidade morta", a paisagem é o agido, não a ação, a paisagem é uma categoria técnica;
- O papel dos arquitetos, paisagistas e urbanistas é relativo, porque o valor dos objetos depende das formas de organização social;
- A paisagem é, sobretudo, produzida por não arquitetos/urbanistas/paisagistas, a partir de "pedacinhos", construções isoladas;
- É a análise da paisagem produzida o nosso mais importante trabalho: *não é só propor novas paisagens, mas criticar as paisagens, tal como elas são.*

Consideramos especialmente instigante esse último ponto, que podemos desdobrar nas seguintes questões:

- Como construir uma crítica da paisagem contemporânea?
- Como o ensino e a pesquisa de Geografia podem contribuir para a construção dos parâmetros dessa crítica?

Pode-se construir essa crítica a partir da *paisagem como artefato e como sistema*, já que a paisagem é evidentemente uma produção humana, se caracterizando como um conjunto de elementos/objetos interligados. Pode-se também elaborar uma crítica da paisagem contemporânea a partir da ideia de *paisagem como riqueza*, visto existirem paisagens que podem melhor favorecer a produção de riquezas, *como ideologia*, posto que a paisagem sempre exprime e condiciona um conjunto de crenças e ideias, transmitindo "ideologia(s)", e como história, já que a paisagem cristaliza momentos e períodos históricos em seus processos de constituição (e transformação).

Santos vai enfatizar que a paisagem não é algo fixo ou imóvel e está sujeita permanentemente aos processos de transformação da sociedade, que, quando ocorrem, modificam também as relações sociais e políticas, assim como a economia, em intensidades e ritmos variados: "A mesma coisa acontece em relação ao espaço e à paisagem que se transforma para se adaptar às novas necessidades da sociedade" (Santos, 1997: 37).

A paisagem resulta sempre de um processo de acumulação, mas é, ao mesmo tempo, contínua no espaço e no tempo, é uma sem ser totalizante, é compósita, pois resulta sempre de uma mistura, um mosaico de tempos e objetos datados. A paisagem pressupõe também um conjunto de formas e funções em constante transformação, seus aspectos "visíveis", mas, por outro

CRÍTICA DIALÉTICO-FENOMENOLÓGICA DA PAISAGEM CONTEMPORÂNEA

lado, as formas e as funções indicam a estrutura espacial, que é, em princípio, "invisível" e resulta sempre do casamento da paisagem com a sociedade.

Não há possibilidade de construção de uma crítica da paisagem contemporânea, sem uma crítica consistente do espaço e do todo estrutural. É da unidade orgânica entre o sistema de objetos (sistema material) e o sistema de ações (sistema de valores) que podem surgir os parâmetros dessa crítica. A paisagem tem uma constituição técnica, é constituída de objetos técnicos que vão desempenhar papéis específicos na vida social. Mas esses papéis são relativos porque vão depender das formas de organização social.

Nesse contexto, "se nós sabemos, através da constituição técnica do objeto, aquilo que ele pode oferecer, nós estamos em muito melhor condição para sugerir aos especialistas da sociedade o tipo de sociedade que deve ser instalada" (Santos, 1996c: 40-41). E a condição, para que isso possa ocorrer, é que nós "conheçamos claramente, que nós sejamos capazes de analisar claramente, a constituição dos objetos. E a capacidade funcional desses objetos. Como também a capacidade funcional dos arranjos, porque é isso que fazem os planejadores" (Santos, 1996c: 40-41). Os objetos e os arranjos entre objetos escolhidos pelos planejadores não visam apenas à produção de uma "sensação de beleza", porque esses arranjos e objetos "não têm uma vocação puramente estética, têm uma vocação pragmática" (Santos, 1996c: 40-41).

Se concordarmos com Milton Santos que os objetos têm qualidades naturais e técnicas, mas também qualidades "sociais", que os objetos (e a paisagem) não têm valor, que o valor é dado pelo espaço, então uma crítica da paisagem deve ser construída a partir do entendimento do espaço como estrutura e processo, relacionando o sistema de objetos a um sistema de valores ditados em última instância pelas relações sociais e políticas, mas também (e sobretudo!) pelo fluxo da história.

Analisar e construir uma crítica da paisagem contemporânea a partir da análise do espaço implica ver as paisagens como especificações de uma totalidade da qual fazem parte "através de uma articulação que é ao mesmo tempo funcional e espacial" ou, em outras palavras, realizações de "um processo geral, universal, em um quadro territorial menor, onde se combinam o geral [...] e o particular" (Corrêa, 1986: 46).

O movimento que transforma a totalidade em "multiplicidade" também a individualiza através das formas. Os fragmentos dessa totalidade ao se tornarem "objetivos" continuam integrando a totalidade, mas sempre estão em função da totalidade que permanece "íntegra": "Cada indivíduo é apenas um modo da totalidade, uma maneira de ser; ele reproduz o Todo e só tem existência real em relação ao Todo" (Santos, 1996b: 98). No seu movimento permanente, a sociedade está sempre subordinada à lei do espaço preexistente, o que faz do espaço um todo estrutural.

O espaço é, de acordo com Santos (1994), "a totalidade verdadeira", porque dinâmica, resultado e condição dos processos de geografização da sociedade sobre o conjunto de paisagens que constituem uma configuração territorial (Santos, 1994; Serpa, 2006). Sob esse ponto de vista, a totalidade só se transforma em existência e se realiza de modo completo através das formas sociais que são também geográficas. Assim, "a totalidade é, ao mesmo tempo, o real-abstrato e o real-concreto", e sofre uma "nova metamorfose", "a cada momento de sua evolução", voltando "a ser real-abstrato" (Santos, 1996b: 98).

A CONSTRUÇÃO DE UMA PERSPECTIVA FENOMENOLÓGICA CRÍTICA PARA A ANÁLISE DA PAISAGEM

Ao contrário de Husserl (2000), Sartre não reconhece a existência dos objetos/fenômenos exteriores como "imanentes", como dados absolutos, que se apresentam à consciência e enviam à consciência seus representantes, os objetos/fenômenos não são *ser*, são *aparecer*.

Nessa perspectiva – também presente no sistema conceitual de Milton Santos –, toda paisagem é transcendente, pois remete sempre ao real-abstrato espacial. Assim, a imanência (de uma paisagem, como aparição) não pode se definir, exceto na captação de algo transcendente (o espaço, como razão de série de uma série de aparições, de paisagens), já que a consciência exige apenas que o ser do que aparece não exista apenas somente enquanto aparece. E o que aparece não é imanente, é, ao contrário, sempre transcendente.

As reflexões de Merleau-Ponty (2004b) guardam muitas afinidades com a obra de Sartre, já que, para o primeiro, aquilo que nos aparece ao mesmo tempo nos escapa, já que, no mundo, os objetos e fenômenos nunca estão em afinidade absoluta com eles mesmos. Não é assim que o mundo se apresenta a nós no contato com ele, que nos é fornecido pela percepção: o pintor clássico só conseguiu dominar uma série de visões e delas retirar uma única paisagem eterna, porque interrompeu o modo natural de ver, construindo uma visão analítica que não corresponde a nenhuma das visões livres. No mundo, forma e conteúdo estão, não raro, mesclados e embaralhados.

Sob a perspectiva da Geografia, Claval vai reconhecer as importantes questões levantadas por geógrafos que na atualidade analisam as paisagens vernaculares: "Por que formas que não foram concebidas para serem belas nos comovem por sua elegância e por sua harmonia? Por que paisagens que resultam de inúmeras pequenas decisões independentemente escalonadas no tempo nos parecem grandes composições orquestradas?" (Claval, 2004: 62).

Segundo Berque, "a paisagem é uma marca, pois expressa uma civilização, mas é também uma matriz porque participa dos esquemas de percepção, de concepção e de ação – ou seja, da cultura" (1998: 85).

EXERCITANDO A CRÍTICA FENOMENOLÓGICA DA PAISAGEM CONTEMPORÂNEA

Tomemos um exemplo: partindo da observação do "real-concreto" de um sistema de espaços livres de edificação/urbanização em um bairro popular qualquer de uma metrópole brasileira e considerando esse sistema como paisagem, portanto, como "aparição una e particular" de uma realidade que é total e estrutural, como enxergar, para além do visível, o invisível (ou real-abstrato) que irá fundamentar nossa crítica?

Uma descrição fenomenológica de várias dessas paisagens (aparições), baseada exclusivamente no que estas aparições revelam enquanto essência de uma série de aparições (o espaço, o todo estrutural), poderia ser sintetizada da seguinte maneira:

- Formação e consolidação de centralidades intrabairro, que determinam uma hierarquia dos espaços livres de edificação existentes;
- Maior diversificação do comércio e dos serviços nas áreas consolidadas como centralidades, onde há também uma apropriação mais intensa e diversificada dos espaços livres de uso coletivo;
- Urbanização espontânea crescente dos espaços livres de edificação de uso coletivo, que tendem a desaparecer nas áreas mais segregadas (menos centrais), especialmente locais não consolidados como de uso público;
- Carência de áreas livres e de lazer, com a concentração dos usuários nas poucas áreas consolidadas como praças e largos nos centros de bairro (Serpa, 2002).

Tal descrição inclui, já para além de um sistema de objetos, também um sistema de ações, mesmo que apenas "vislumbrado", permitindo a intuição de uma paisagem periférica enquanto essência, que traduz um padrão periférico de ocupação dos bairros populares nas metrópoles brasileiras (Serpa, 2002). Estaríamos a meio caminho de uma crítica da paisagem contemporânea, entendida aqui justamente como enunciado por Milton Santos e já mencionado no início deste capítulo, como uma paisagem vernacular, construída a partir de "pedacinhos", de construções isoladas.

Poderíamos ir além, instigados pelas ideias de Milton Santos, e nos perguntarmos por que nos debruçamos tão pouco sobre essas "paisagens", por que não enxergamos nelas a possibilidade de construção de paisagens e espaços mais cidadãos, a cidadania vista aqui como real-abstrato, como a possibilidade de construção de diferentes paisagens e espaços pelos diferentes agentes e grupos. Paisagens e espaços que respeitem e não hierarquizem as diferenças e que valorizem a autonomia e a liberdade como valores supremos e universais.

Para isso, devemos abandonar a consideração, corrente entre os planejadores, dos objetos como "atores" e do "visível" das paisagens como um fim em si mesmo. A questão da visibilidade das formas urbanas nos processos de requalificação da cidade contemporânea aponta para outro exemplo emblemático para o paisagismo urbano: os parques públicos. Uma análise fenomenológica das "aparições" desse tipo de equipamento mundo afora revela a essência ou a razão de série do fenômeno "parque": a concepção e implantação de novos parques públicos parecem estar sempre subordinadas a diretrizes políticas e ideológicas (Serpa, 2003; 2007c).

Na cidade contemporânea, o parque público é um meio de controle social, sobretudo das novas classes médias, destino final das políticas públicas, que, em última instância, procuram multiplicar o consumo e valorizar o solo urbano nos locais onde são aplicadas. No mundo ocidental, o lazer e o consumo das novas classes médias são os "motores" de complexas transformações urbanas, modificando áreas industriais, residenciais e comerciais decadentes, recuperando e "integrando" *waterfronts*, desenvolvendo novas atividades de comércio e de lazer "festivo" (Serpa, 2004; 2007c).

A palavra de ordem é investir em espaços públicos "visíveis", sobretudo os espaços centrais e turísticos, graças às parcerias entre os poderes públicos e as empresas privadas. Estes projetos sugerem uma ligação clara entre "visibilidade" e espaço público. Eles comprovam também o gosto pelo gigantismo e pelo "grande espetáculo" em matéria de paisagismo, arquitetura e urbanismo.

CRÍTICA DIALÉTICO-FENOMENOLÓGICA DA PAISAGEM CONTEMPORÂNEA

De uma forma deliberada, os novos parques públicos se abrem mais para o "mundo urbano exterior" e se inscrevem num contexto geral de "visibilidade completa" e espetacular. Projetados e implantados por arquitetos e paisagistas ligados às diferentes instâncias do poder local – verdadeiras "grifes" do mercado imobiliário, os novos parques tornam-se também importante instrumento de valorização fundiária na cidade contemporânea (Serpa, 2003; 2007c).

Analisando criticamente esse último exemplo, pode-se dizer que a paisagem produzida pelos paisagistas, arquitetos e urbanistas é também uma paisagem não cidadã, já que os parques urbanos não podem ser considerados em sentido pleno e irrestrito como públicos. Se for certo que o adjetivo "público" diz respeito a uma acessibilidade generalizada e irrestrita, um espaço acessível a todos deve significar, por outro lado, algo mais do que o simples acesso físico a espaços "abertos" de uso coletivo. Pois a acessibilidade não é somente física, mas também simbólica, e a apropriação social dos espaços públicos urbanos tem implicações que ultrapassam o *design* físico dos "novos" parques. Muitos desses lugares permanecem "invisíveis" para a maioria da população, que não dispõe de "capital escolar" para se apropriar das linguagens projetuais e do repertório utilizado no desenho urbano contemporâneo (Serpa, 2004; 2007c).

Pode-se mesmo afirmar que as clivagens sociais ganham aqui *status* de "segregação social" ou mesmo de exclusão. Tudo isso contribui para a "invisibilidade" desses equipamentos – em contradição com seu "princípio projetual de base", a visibilidade completa e espetacular –, tornando-os exclusivos para o uso de "iniciados". Existe, portanto, uma distância mais social que física, separando os novos parques urbanos daqueles com baixo capital escolar (Serpa, 2004; 2007c).

Na cidade contemporânea, o parque público transformou-se em "objeto de consumo", em expressão de modismos, vendido pelas administrações locais e por seus parceiros empresários como o "coroamento" de estratégias (segregacionistas) de requalificação urbana (Serpa, 2005; 2007c). A forma urbana é promovida por imagens que satisfazem as comunidades profissionais de arquitetos, urbanistas e paisagistas, bem como os contratantes dos projetos. Esses profissionais são obrigados a se fazer compreender por membros de um júri, seduzi-los através de imagens de acesso fácil e imediato. Com a difusão quase instantânea, pelas revistas técnicas, dessas imagens, a arquitetura, o urbanismo e o paisagismo transformam-se em fenômenos da moda, com seus ciclos curtos de alguns anos e seus pequenos grupos de pressão profissional formando uma rede internacional (Choay, 1988).

Uma crítica da paisagem construída sob as premissas aqui apresentadas aponta, pois, para a construção de parâmetros que revelem através dos arranjos socioespaciais o invisível das formas urbanas visíveis, tratando os objetos técnicos de modo sistemático e globalizante. É necessário revelar por trás dos sistemas de objetos os sistemas de valores que embasam as ações dos diferentes agentes e grupos que produzem espaço. Trata-se de analisar e criticar as intervenções, no todo estrutural (o espaço), que introduzem novos objetos em arranjos urbano-regionais.

Se nos bairros populares da cidade contemporânea falta espaço para intervenções paisagísticas e urbanísticas "de monta", é necessário afinar o olhar para o sistema de ações que se operacionaliza sobre um sistema de objetos aparentemente inadequado para o lazer e as manifestações culturais e festivas de seus moradores, cuja lógica deve ser compreendida, ao invés de relegada ao plano dos "desvios" ou do "indesejável".

É preciso também abandonar a perspectiva tradicional que, no fundo, desejaria o extermínio de paisagens vernaculares classificadas *a priori* como "não cidadãs" ou, sob essa mesma ótica, como paisagens sem "qualidade ambiental". É necessário se ocupar dos espaços ocultos e residuais, das "lajes" de uma paisagem que "espontaneamente" se verticaliza, dos interstícios das construções, dos "restos" de espaços dos becos e vielas, onde a população dos bairros populares compartilha seus encontros, seu lazer e sua diversão.

Como analisar criticamente essas paisagens a partir do real-concreto existente?

Como intervir nessas paisagens para construir um real-abstrato de cidadania, modificando o real-concreto das paisagens e dos espaços não cidadãos?

Devemos, como Milton Santos, enfatizar que não há possibilidade de construção desta cidadania desejada prescindindo de seu "componente territorial", já que "o valor do indivíduo depende do lugar onde ele está e que, desse modo, a igualdade dos cidadãos supõe, para todos, uma acessibilidade semelhante aos bens e serviços" (Santos, 1993: 113). Devemos, portanto, como pesquisadores e profissionais da paisagem e do espaço, nos debruçar de forma crítica e ativa sobre as novas possibilidades de arranjos territoriais, onde os lugares sirvam realmente de "pontos de apoio" para a construção de paisagens e espaços mais cidadãos.

CONSTRUÇÃO DE UMA PERSPECTIVA DIALÉTICO-FENOMENOLÓGICA PARA A CRÍTICA DA PAISAGEM CONTEMPORÂNEA

A construção de uma crítica dialético-fenomenológica da paisagem contemporânea exige que façamos, de um lado, perguntas ao tempo e, por outro lado, perguntas aos objetos. Deve-se compreender e reafirmar que dialética e fenomenologia não se excluem nem na reflexão teórica nem no trabalho de campo em Geografia. Enquanto métodos podem funcionar como estratégias complementares, buscando-se sempre a construção da síntese sujeito-objeto, própria ao ato de conhecer, ora utilizando-se da história enquanto categoria de análise, ora buscando-se intencionalmente abstrair a historicidade dos fenômenos, visando à explicitação de sua "essência" (Serpa, 2006).

Por outro lado, se o espaço é a totalidade verdadeira para a Geografia, a história se impõe como recurso metodológico, já que é através do significado particular de cada segmento do tempo que apreendemos o valor de cada coisa num dado momento (Santos, 1994). Mas devemos também estar atentos para os riscos do historicismo e do determinismo histórico, de modo a desenvolver uma visão prospectiva que permita entrever o futuro "de forma objetiva", como defendido por Santos (1994). Uma objetividade que, com certeza, não exclui a explicitação do sujeito que pesquisa, nem dos sujeitos que sua pesquisa pretende analisar.

EXPERIÊNCIAS DO SER-NO-MUNDO: LUGAR E TERRITÓRIO

Neste capítulo busca-se problematizar os conceitos de lugar e território à luz de uma inquietação recorrente do autor em relação à sua operacionalização nas pesquisas e reflexões geográficas. Como fio condutor da problematização aqui pretendida, resgata-se o conceito de geograficidade de Eric Dardel, assumindo seu princípio de base, de que, antes mesmo de qualquer conceituação ou estratégia de representação conceitual, os seres humanos são seres espaciais em sua essência, e que viver é produzir/experienciar espaço (Dardel, 2011; Relph, 1979, 1985, 2012; Lefebvre, 2000, 2004b, 2006; Merleau-Ponty, 2004, 2006).

Para Dardel, "a inquietude geográfica precede e sustenta a ciência objetiva [...] uma relação concreta liga o homem à Terra, uma geograficidade (*géographicité*) do homem como modo de existência" (2011: 1-2). Aqui, a geograficidade é compreendida como a base pré-consciente e pré-conceitual da Geografia, como nos lembra Relph (1979: 2), que pode embasar descrições compreensivas da experiência geográfica, já que "tendo identificado e interpretado estruturas de experiência, torna-se possível examinar os caminhos pelos quais se constituem, onde elas se originam, como elas se desenvolvem e se transformam" (1979: 5).

Ou seja, lugar e território, antes de tudo, remetem a experiências geográficas que por vezes se distinguem, por vezes se aproximam, experiências que, por seu lado, carregam em si a marca do espaço vivido, revelando também que os conceitos utilizados em Geografia são "modos geográficos de existência" (Marandola Júnior, 2012), que se realizam nas situações cotidianas, posteriormente abstraídas em representações do espaço.[1] Sim, estamos aqui diante das contradições e convergências dos espaços de representação, espaços vividos, na concepção de Henri Lefebvre (2000).

Ser lugar e/ou ser território? Em que situações somos e nos manifestamos como lugar? Ou em que situações somos e nos manifestamos como território? Ou melhor: que experiências primeiras fundamentam o ser-no-mundo como lugar ou território?

Em geral, assistimos nas últimas décadas à consolidação do conceito de território em Geografia, sua generalização como conceito norteador de pesquisas e reflexões não só no Brasil, mas também no exterior, em especial nos países latino-americanos. De igual modo, o conceito de lugar vem sendo resgatado e operacionalizado em pesquisas e reflexões geográficas, indicando sua retomada frente a outros conceitos geográficos, como região e território, em alguns momentos se contrapondo, em outros se aproximando deles.

Também se convencionou, entre os geógrafos, que lugar é espaço vivido e que território é espaço de poder, o que pressupõe uma generalização (muitas vezes incômoda por ser insatisfatória!) que oculta mais do que revela a maneira como ambos os conceitos se manifestam existencialmente, como experiência (em geral não explicitada), antes do exercício intelectual e de qualquer estratégia de representação teórica. De acordo com Lefebvre, a apresentação dos fatos (e dos conjuntos de fatos) e também a maneira como os percebemos e agrupamos precedem a representação, ou seja, sua interpretação: "Entre esses dois momentos, e em cada um deles, intervêm desconhecimentos, mal-entendidos. O cegante (os conhecimentos que se adotam dogmaticamente) e o cegado (o desconhecido) são complementares na cegueira" (Lefebvre, 2004: 39).

Questiona-se se seria possível viver sem o exercício do poder ou sobre a possibilidade da existência do poder sem a experiência do poder. Parte-se aqui da premissa que o poder (ou sua ausência) é um fenômeno vivido e que o vivido também manifesta as relações de poder. Afinal, como esses conceitos se apresentam a nós como experiências geográficas? O território não é também vivido? E o lugar não está também subordinado ao (exercício do) poder?

Para o desenvolvimento dessa reflexão, um ponto de partida fundamental é a questão dos limites e das fronteiras e de como limites e fronteiras se manifestam em nossas relações com o outro no cotidiano e nas mais diversas escalas. A noção de limite em Geografia indica uma espécie de agenciamento que coloca em contato dois espaços justapostos e que pode permitir o surgimento de uma interface. Essa definição coloca a noção de limite em relação com a noção de interação espacial, a interação nula (ou quase nula, resultante da ausência ou da inexpressividade de interações espaciais) representando um caso particular de relação.

Como lembram Lévy e Lussault (2003), os limites se constituem como "objetos geográficos" plenos, que se apresentam no espaço com diferentes conteúdos e estilos. Acrescentemos que os limites colocam em evidência continuidades e descontinuidades manifestas nos processos de produção e reprodução do/no espaço. Por outro lado, a fronteira é ela mesma um espaço (uma faixa) e "tende a provocar uma dicotomia entre as identidades territoriais, conforme se pertence ou não a um território. De fato, no que concerne à diferença cultural, os embates de fronteira que afloram tanto podem ser conflituosos como consensuais" (Almeida, 2012: 149).

Então, mais que associar *a priori* os conceitos de lugar e território a qualidades específicas (lugar = vivido; território = poder), acredita-se que as relações que se estabelecem entre os agentes/sujeitos/grupos/indivíduos/classes são marcadas pelo predomínio (instável) da igualdade e da diferença e que a dialética entre diferença e igualdade é o que vai estabelecer lugar e território como modos geográficos de existência.

Essas relações podem se manifestar de maneira centrípeta (para dentro) e/ou centrífuga (para fora) quando se trata de intersubjetividade e modos de existência frente ao diferente e/ou ao igual (a mim). A forma como agentes/sujeitos/grupos/indivíduos/classes vão reagir ao outro é, enfim, o que "ser lugar" ou "ser território" manifestam enquanto essência nas mais diversas escalas espaço-temporais. Quando nos voltamos intencionalmente para dentro e nos colocamos entre iguais ou quando estamos voltados para fora e entre diferentes é possível perceber a constituição de momentos e princípios existenciais dialeticamente relacionados, mas distintos enquanto manifestações do ser-no-mundo.

Isso pode ser percebido, por exemplo, a partir da análise das estratégias e táticas de apropriação dos espaços públicos urbanos, relacionando os conceitos de lugar e território às diferentes maneiras como os agentes/sujeitos/grupos/indivíduos/classes vão se apropriar de ruas, parques e praias no cotidiano da cidade contemporânea, como se buscou desenvolver na quarta seção deste capítulo. Há, como nos lembra Gaston Bachelard, uma dialética entre interior e exterior, que consideramos fundamental para a compreensão das ideias aqui expostas.

A DIALÉTICA DO EXTERIOR E DO INTERIOR

Para Bachelard, interior e exterior constituem uma "dialética do esquarte-jamento", cuja geometria aparentemente evidente nos cega logo que a introdu-zimos em âmbitos metafóricos. Surge, assim, uma dialética do ser e do não ser. Segundo o filósofo, a metafísica mais profunda se enraíza em uma "geometria implícita" que "espacializa o pensamento" (Bachelard, 1998: 215-216). Desse modo, o aquém e o além vão repetir surdamente a dialética do exterior e do interior: "tudo se desenha, mesmo o infinito" (Bachelard, 1998: 216).

Nessa dialética, o ser do homem se revela como "ser desfixado": fechado no ser, sempre há de ser necessário sair dele. Apenas saído do ser, há de ser sempre preciso voltar a ele. Bachelard leva aos limites da imaginação as consequências da dialética entre interior e exterior ao afirmar que, "por vezes, é estando fora de si" que o ser pode de fato experimentar "consistências"; por vezes, também, poder-se-ia afirmar que o ser está "encerrado no exterior" (1998: 218).

A dialética do interior e do exterior apoia-se, portanto, em um "ge-ometrismo reforçado", através do qual os limites podem se constituir em barreiras. Contudo, entre o concreto (o próximo) e o vasto (o distante) nem sempre a oposição é muito clara, porque a relação dialética entre interior e exterior se diversifica e multiplica em inúmeras nuances e matizes. Ambos, interior e exterior, são "íntimos" e estão sempre prontos a "inverter-se" (Bachelard, 1998: 221).

Bachelard fala de um "drama da geometria íntima", questionando-se onde devemos habitar, já que o medo não provém necessariamente do exterior, nem é constituído apenas de antigas lembranças. O medo não tem fisiologia, nem passado. Não há nada aqui em comum com "a filosofia da respiração suspen-sa": "O medo é aqui o próprio ser. Então, para onde fugir, onde se refugiar? Para que exterior poderíamos fugir? Em que asilo poderíamos refugiar-nos? O espaço é apenas um 'horrível exterior-interior'" (1998: 221).

Frente a esse contexto, a oposição entre exterior e interior já não pode ser mais "medida" por sua evidência geométrica, já que se faz necessário "colocar o espaço entre parênteses", fazê-lo recuar, "para que sejamos livres no pensamento", em uma atitude radicalmente dialética (Bachelard, 1998: 233). É nesse contexto que Bachelard vai se questionar se o exterior não seria uma "intimidade antiga", ancestral, "perdida nas sombras da memória" (Bachelard, 1998: 232).

Se, por um lado, o excesso de espaço pode nos sufocar muito mais que a sua falta – vertigem exterior *versus* imensidão interior –, por outro lado, frequentemente, é no espaço íntimo de dimensões as mais reduzidas que a dialética do interior e do exterior pode se manifestar com mais força ("há um consolo em nos sabermos na tranquilidade de um espaço estreito" – Bachelard, 1998: 231).

Vemos que, ao subverter, com sua fenomenologia da imaginação, as geometrias presentes na dialética entre exterior e interior, Bachelard abre caminho, também, a nosso ver, para pensar lugar e território não mais associados a ordens de grandeza ou escalas específicas, dando-nos liberdade para pensá-los, ambos, como vastos e íntimos; e para estabelecer uma dialética existencialista possível entre ser lugar e ser território como modos de manifestação do ser-no-mundo.

O sentido de ser-no-mundo assumido nessa discussão remete à possibilidade de uma ontologia espacial que relacione experiência e processos espaciais específicos: quer dizer, sobretudo, que os agentes/sujeitos/grupos/indivíduos/classes estão implicados nesses processos e que é fundamental, para o desenvolvimento de uma reflexão geográfica, relacionar experiências cotidianas (pré-científicas) de apropriação/criação/produção de espaço com a elaboração conceitual de noções caras à Geografia acadêmica, como lugar e território.

AFINANDO A DISCUSSÃO EXISTENCIALISTA DE LUGAR E TERRITÓRIO

Uma abordagem existencialista de lugar e território deve radicalizar a dialética das contradições que se colocam para o exercício proposto, buscando contrapor pares de categorias visando à sua superação.

Senão vejamos: de uma maneira bem simples, e com palavras do dia a dia, poderíamos afirmar que território tem a ver com posse e domínio, lugar tem a ver com amor, compromisso e senso de responsabilidade. Temos ciúmes do lugar e defendemos através de limites e fronteiras o território. Defendemos o território contra outros territórios; já o lugar não se defende, ele sobrevive pela abertura, pela interconexão em rede, tecendo uma intersubjetividade, que, dialeticamente, supera a posse e a autodefesa pelo abrir-se para o mundo em diferentes escalas espaço-temporais.

Por outro lado, um mundo interconectado por uma rede mundial de computadores nos leva a pensar que a internet e o território têm algo em comum: ambos surgem em contexto estratégico-militar. Mas a internet pode

POR UMA GEOGRAFIA DOS ESPAÇOS VIVIDOS

ser apropriada de modo tático/prático por grupos alternativos e contra-hegemônicos (Serpa, 2011a).

A análise das táticas de apropriação socioespacial dos meios de comunicação em Berlim e Salvador, protagonizadas por grupos e iniciativas que compõem o tecido sociocultural dos bairros e distritos nas duas cidades, apresentada no livro *Lugar e mídia*, nos ajudou a revelar que os lugares são enunciados a partir de representações espaciais coerentes com as trajetórias desses agentes nos respectivos locais de ocorrência. Essas representações são construídas no cotidiano dessas áreas a partir de elementos sociais, históricos, econômicos e culturais de seus respectivos espaços de atuação e são também influenciadas pelo acesso desses grupos e iniciativas aos meios de comunicação, condição primeira para a produção de conteúdos sobre o "lugar".

Enunciar lugares pressupõe que as representações espaciais sejam "comunicadas", daí a importância do acesso às técnicas de comunicação e sua apropriação enquanto tecnologia. E o discurso dos grupos e as iniciativas analisados não estão nunca isolados do contexto de enunciação, revelando ainda que os lugares enunciados não podem ser compreendidos como objetos dados. O lugar é sempre processual e articula diferentes espaços de conceituação. Essa articulação de recortes/escalas geográficas (do local ao global) será tanto mais ampla como mais complexa conforme a capacidade de articulação dos grupos envolvidos, assim como sua acessibilidade ao meio técnico disponível em cada lugar concreto.

Lugar e mídia: o lugar que se produz pela ação e pelo discurso, em diferentes escalas espaço-temporais, cujos agentes/sujeitos se apropriam da internet como técnica e tecnologia (de processo), produzindo contra-hegemonias. O par dialético lugar e território (sim, na abordagem aqui exposta, lugar e território se constituem em relação, no cotidiano, dialeticamente) é complementado por outros pares dialéticos: igualdade/diferença, exterior/interior, hegemonia/contra-hegemonia.

O território é a diferença fragmentada, "estilhaçada"; o lugar, a diferença que "negocia" escalas com os meios de que dispõe (para, no caminho, juntar os "estilhaços"). Se o lugar tende à universalidade, o território tende à particularidade. Transitar entre lugar e território significa finalmente negociar o singular e o universal, buscar superar o particular em direção ao universal, dialeticamente.

O lugar pode se tornar território? O território pode se converter em lugar? Como lugar e território podem ser superados? Através do mundo, ou melhor, das experiências geográficas do ser-no-mundo. Essas experiências geográficas do ser-no-mundo – da presença, como diria Heidegger (ou mesmo Lefebvre)[2] – se revelam através da ocupação, do habitar o mundo, em suma, do *apropriar-se do espaço,* produzindo espaço. Para Heidegger, é enquanto ocupação que o ser-no-mundo pode ser tomado pelo mundo do qual se ocupa.

Quando se dirige "para" em sua busca de "apreender", a "presença não sai de uma esfera interna em que antes estava encapsulada. Em seu modo de ser originário, a presença já está sempre 'fora', junto a um ente que lhe vem ao encontro no mundo já descoberto. E o deter-se determinante junto ao ente a ser conhecido não é uma espécie de abandono da esfera interna" (Heidegger, 2012: 108-109). E é assim, "estando fora", junto aos objetos, que a presença está "dentro" também, "num sentido que deve ser entendido corretamente, ou seja, é ela mesma que como ser-no-mundo conhece. [...] Quando, em sua atividade de conhecer, a presença percebe, conserva e mantém, ela, *como presença, permanece fora*" (Heidegger, 2012: 108-109, grifos no original).

Estamos novamente aqui diante da dialética entre interior e exterior, entre "dentro" e "fora", pensados em uma perspectiva existencialista. Mas, por outro lado, é necessário reconhecer que essa ocupação, esse habitar o mundo, se complexificou em termos existenciais, articulando lugares e territórios "em rede", através da apropriação da técnica e da tecnologia; que as experiências geográficas na contemporaneidade são permeadas por múltiplas territorialidades/lugaridades; que em uma escala pode-se habitar o mundo enquanto território e, em outra escala, enquanto lugar; que a presença articula multi-territorialidades e multilugaridades.

Aqui se abre um pequeno parêntese para, com Relph (2012), afirmar que a lugaridade é a qualidade "própria de lugar" e está fundada na autenticidade e no encontro, no sentido e no espírito de lugar etc. A lugaridade se exprime através de uma gradação, sendo mais forte ou mais fraca a depender dos diferentes contextos e situações espaço-temporais. Como territorialidades, no plural, assume-se aqui a definição de Souza (1995), como as qualidades específicas dos territórios (territórios contínuos exprimem, sobretudo, uma continuidade, uma extensão contínua, por exemplo).

Então, mais do que pensar *a priori* o território como "extenso", área, zona ou território-rede, em contraponto a lugar como "ponto no extenso" (Haesbaert, 2014: 45), deve-se estar atento às suas manifestações (e qualidades) nos modos como ocupamos e nos apropriamos do espaço, nas diferentes escalas e situações espaço-temporais; deve-se estar atento, sobretudo, às diferentes maneiras como se articulam lugaridades e territorialidades nos processos contemporâneos de produção/criação do espaço.

É disso certamente que fala Relph (2012: 31) ao afirmar que sua experiência de lugar é a um só tempo "intensamente local" e "sem limites", reconhecendo a importância das tecnologias modernas para a emergência de novas experiências geográficas do ser-no-mundo. O ser, para Relph, é "sempre articulado por meio de lugares específicos":

> O lar, e na verdade todo lugar, não é delimitado por limites precisamente definidos, mas, no sentido de ser o foco de intensas experiências, é ao mesmo tempo sem limites. Lugar é onde conflui a experiência cotidiana, e também como essa experiência se abre para o mundo. (Relph, 2012: 29)

COMO LUGAR E TERRITÓRIO SE EXPRIMEM NO ESPAÇO PÚBLICO DA CIDADE CONTEMPORÂNEA?

Para dar continuidade à reflexão aqui proposta, é necessário agora acionar um terceiro conceito, ou melhor, outro modo geográfico de existência, nos moldes propostos, buscando-se relacionar lugar e território à maneira como o ser-no-mundo se expressa e manifesta no espaço público, ora se territorializando, ora se "lugarizando", em diferentes contextos e situações.

Como analisado em outras ocasiões (Serpa, 2007, 2013a, 2013b), os processos de apropriação do espaço público na cidade contemporânea são condicionados por representações segregacionistas, que vão mediar processos de territorialização de grupos sociais (classes e frações de classe), a partir de uma dialética entre capital cultural e capital econômico (Bourdieu, 2007).

Nos "novos" e "renovados" espaços públicos urbanos ao redor do mundo, as práticas espaciais inscrevem-se em um processo de "territorialização do espaço": os usuários se apropriam do espaço público através da ereção de limites e/ou barreiras de cunho simbólico, por vezes "invisíveis". É desse modo que o espaço público se transforma em uma justaposição de espaços territorializados; ele não é compartilhado, mas, sobretudo, dividido entre os diferentes grupos e agentes. Consequentemente, a acessibilidade não é mais generalizada, mas limitada e controlada simbolicamente. Falta interação entre esses territórios, percebidos (e utilizados) como uma maneira de neutralizar o "outro" em um espaço que é acessível – fisicamente – a todos.

Assim, as diferenças se traduzem em táticas "exclusivistas" de territorialização, abrindo caminho para o estabelecimento de formas nuançadas de segregação, como atos de vontade que impossibilitam o convívio "entre diferentes" e negam o "outro" através da indiferença e do autoisolamento (em geral voluntário) de grupos e indivíduos no espaço público. A necessidade de anonimato se traduz, portanto, em indiferença frente ao "outro", que não compartilha dos laços de intimidade/identidade dos indivíduos e grupos territorializados.

Foto 5 – Parque André Citröen, Paris.

Fonte: foto do autor.

Se o espaço público é o espaço de encontro de diferentes e os territórios são, muitas vezes, espaços de iguais, juntos, mas separados por limites e barreiras simbólicas, então, um parque público em Paris ou uma praia em Salvador, por exemplo, são só aparentemente acessíveis a todos. Todo mundo parece estar ali com todo mundo, porém, de fato, está todo mundo ali, mas com seus limites e barreiras muito bem demarcados uns em relação aos outros: ler esses limites e barreiras em um domingo ensolarado é uma aula muito elucidativa sobre como o território representa hoje exatamente o contrário da ideia de espaço público.

Foto 6 – Parque de La Villette, Paris.

Fonte: foto do autor.

Foto 7 – Praia do Porto da Barra, Salvador.

Fonte: foto de Marcelo Sousa Brito.

Foto 8 – Praia do Porto da Barra, Salvador.

Fonte: foto de Marcelo Sousa Brito.

Retomemos também o que trabalhamos em outras oportunidades (Serpa, 2013c, 2016a), para discutir, ainda que brevemente, a relação entre lugar e espaço público. Para sublinhar a profundidade da crise urbana atual, bem como a perplexidade e a incerteza que a acompanham, Henri Lefebvre propôs uma confrontação radicalmente dialética de argumentos a favor da rua, mas também contra ela. Entre os argumentos favoráveis à rua está aquele que a define como lugar do encontro, do movimento, da mistura. A rua contém aquelas funções negligenciadas pelo modernismo de Le Corbusier: informativa, simbólica e lúdica. Lugar da "desordem" ou da possibilidade de uma "nova ordem", do acontecimento revolucionário e da troca de palavras e signos (Lefebvre, 2004).

Contra a rua, poder-se-ia dizer, sob essa ótica, que se tornou o lugar privilegiado da repressão possibilitada pelo caráter "real" das relações que aí se estabelecem. O passar pela rua é ao mesmo tempo obrigatório e reprimido. Se a rua já foi o lugar de encontro por excelência, hoje se converte em rede organizada pelo/para o consumo, em passagem de pedestres encurralados e de automóveis privilegiados, em transição obrigatória entre o trabalho, os lazeres programados e a habitação. Embora palco para os grandes eventos permitidos e estimulados pelo poder público (carnaval, shows, espetáculos, festivais), é também objeto das forças repressivas que impõem o silêncio e o esquecimento à verdadeira apropriação: a da "manifestação" efetiva.

Jane Jacobs defende que as ruas e calçadas são os "órgãos mais vitais" de uma cidade. Entre suas funções estaria a manutenção da segurança urbana: segundo Jacobs, os casos de violência em uma rua ou um distrito fazem com que as pessoas temam e "usem" menos esses espaços, tornando-os ainda mais inseguros. Ou seja, esvaziar as ruas, evitá-las, se autossegregar em shoppings e condomínios fechados é, ao contrário do que pressupõe o senso comum, a pior maneira de vencer a delinquência e a criminalidade. Só ocupando as ruas e reforçando as redes de controle social cotidiano é possível combater de fato o que chamamos de "violência urbana" (Jacobs, 2003).

As manifestações ocorridas em junho de 2013 nas cidades brasileiras mostraram a força das ruas e as possibilidades que esses espaços oferecem – ao menos potencialmente – para a vida urbana em seu sentido mais político e social. Demonstram também que a dialética entre ordem e desordem que se expressa em tais manifestações talvez seja necessária para a articulação de novas formas de organização da vida urbana, revelando ainda os limites e desafios para todos aqueles que desejem se reapropriar desses espaços de forma não segregacionista ou exclusivista.

Esses ativismos que se manifestam nas ruas brasileiras contrariam a ideia de que, na cidade contemporânea, não existiria mais "aqui", tudo seria "agora", em decorrência da compressão do tempo e da aceleração das velocidades. De que tudo aconteceria sem que fosse necessário ir ao encontro dos seres à nossa volta, ir aos lugares que nos rodeiam. A interação virtual parecia superar, para alguns teóricos sociais como Paul Virilio (1999), toda ação e todo ato concreto.

No entanto, essas manifestações vêm extrapolando o espaço virtual das redes sociais em direção aos espaços urbanos "concretos", dando novos sentidos aos ativismos sociais urbanos, como coletivos articulados em rede que tecem sua trama na cidade (Serpa, 2016a). Nesse contexto, que consequências essa retomada política das ruas tem para a territorialização/a "lugarização" da cidade pelo corpo? O que representaria afinal essa (re)inserção dos corpos na cidade para além das dimensões políticas e sociais envolvidas nessas manifestações?

O CORPO (RE)INSERIDO NA CIDADE

Para discutir o corpo (re)inserido na cidade, no espaço público da cidade contemporânea, é preciso antes de tudo admitir, com Merleau-Ponty, que o espaço corporal e o espaço exterior constituem uma unidade dialética, um sistema prático, e que "é evidentemente na ação que a espacialidade do corpo se realiza, e a análise do movimento próprio deve levar-nos a compreendê-la melhor" (Merleau-Ponty, 2006: 149).

É, sobretudo, a consideração do corpo em movimento que permite a compreensão de como esse corpo habita um espaço (e também um tempo), "porque o movimento não se contenta em submeter-se ao espaço e ao tempo, ele os assume ativamente, retoma-os em sua significação original, que se esvai na banalidade das situações adquiridas" (Merleau-Ponty, 2006: 149). O corpo em movimento na cidade, em suas estratégias de apropriação dos espaços urbanos, constitui uma experiência, revelada "sob o espaço objetivo, no qual finalmente o corpo toma lugar, uma espacialidade primordial da qual a primeira é apenas o invólucro e que se confunde com o próprio ser do corpo".

Para Merleau-Ponty, o ser corpo "é estar atado a um certo mundo, e nosso corpo não está primeiramente no espaço: ele é no espaço" (2006: 205). Isso sublinha também o corpo como "aberto e poroso ao mundo", embora não seja esse em geral o modo de ver o corpo na tradição ocidental dominante, como nos lembra o geógrafo David Harvey (2004: 138).

Se o corpo só "é" no espaço, se o "ser corpo" é sempre "ser corpo no mundo", precisamos também admitir que espaço e mundo – e aqui podemos pensar o mesmo para território e lugar – são construções humanas e não externalidades objetivas e estritamente "materiais". Espaço e mundo se constituem dialeticamente enquanto produto e processo, enquanto experiência humana corporificada.

Espaço e mundo são experiências/conceitos que só se realizam através de processos relacionados ao ser-no-mundo, como territorialização e "lugarização", de acordo com o que nos propomos a discutir neste capítulo; portanto, territorialização e "lugarização" produzem/criam espaço e mundo. A dialética entre espaço e mundo, por sua vez, encontra sua realização justamente nos processos de "lugarização" e territorizalização: ao se territorialziar/"lugarizar", se apropriando e criando espaço, o ser-no-mundo também cria "mundos" existenciais próprios e corporificados no espaço e no tempo. Pode-se assim afirmar que a dialética espaço-mundo se realiza e define através da dialética entre lugar e território, tomados como experiências do ser-no-mundo, dialética e estreitamente relacionadas.

Por outro lado, se o corpo não é uma entidade "fechada e lacrada", mas algo relacional, criado, delimitado e sustentado por fluxos espaço-temporais e múltiplos processos, então "o conjunto de atividades performativas disponíveis ao corpo num dado tempo e lugar não são independentes do ambiente tecnológico, físico, social e econômico em que esse corpo tem de ser" (Harvey, 2004: 137).

Mas a humanidade não é uma soma de indivíduos, como ensina Merleau-Ponty, muito menos um ser único no qual a pluralidade dos indivíduos estaria fundida e destinada a se incorporar (2004b: 49-50). O mundo, o espaço e a cidade são construções humanas plenas de relações entre sujeitos, construções radicalmente intersubjetivas. Afinal, "só sentimos que existimos depois de já ter entrado em contato com os outros, e nossa reflexão é sempre um retorno a nós mesmos que, aliás, deve muito à nossa frequentação do outro" (2004b: 48).

Sob essa ótica, só conheço os outros seres humanos por meio de seus gestos, de suas palavras, de seus olhares, ou seja: só posso conhecê-los através de seus corpos: "os outros são para nós espíritos que habitam um corpo, e a aparência total desse corpo parece-nos conter todo um conjunto de possibilidades das quais o corpo é a presença propriamente dita" (Merleau-Ponty, 2004b: 43).

SER LUGAR E SER TERRITÓRIO COMO MANIFESTAÇÕES DA POLÍTICA?

Corpo e lugar estão profundamente imbricados, como mostram as pesquisas de Brito (2016), para quem o *"corpo-lugar* que se desloca e se relaciona", ao mesmo tempo "se constrói, a partir das experiências vividas. No corpo, apesar das mudanças espaciais, os lugares se tornam vivos através da memória, dos rastros e marcas deixados nele" (2016: 54; grifos no original). Trabalhando na interface entre teatro, Geografia e fenomenologia, Brito vai colocar os corpos-lugares de atores profissionais em movimento nos "lugares cênicos" encontrados às margens de grandes avenidas em Salvador, através da realização de "intervenções viárias" e entrevistas com os artistas participantes dessas experiências:

> Ver o entrevistado se desnudar, se revelar a partir de sua relação com os lugares que ele identifica como formadores de sua construção como pessoa se faz importante para o que definimos como *corpo-lugar*: uma cadeia de sensações, histórias, dados e memórias que o indivíduo armazena ao longo da vida a partir dos lugares onde ele vive/viveu. Esses lugares podem ser uma

multiplicidade de cidades, estados, países ou localidades, ou mesmo bairros de uma única cidade. Cada lugar tem suas características, peculiaridades, cultura e hábitos, e o que fica no corpo de cada um é o que vai possibilitando a constituição desse *corpo-lugar*, que, no caso do artista, produz repertório, vocabulário e estados de emoção que esse artista pode acionar, quando necessário, em seus processos criativos. (Brito, 2016: 58, grifos no original)

As pesquisas de Brito mostram também que corpos-lugares podem ser acionados no cotidiano urbano como práticas de resistência política, vivendo a cidade e todas as suas contradições ao intervir em suas vias e lugares de maior fluxo. A intenção de Brito com essas experiências era a de revelar a posição criadora e a participação cidadã do ator, um "desejo de pensar uma prática urbana para atores, como possibilidade de experimentar uma metodologia que, a partir da ocupação e da transformação de lugares em *lugares-cênicos,* contemplasse também o trabalho do ator no processo de criação de personagens" (Brito, 2016: 120; grifos no original). Nesse contexto, "a *intervenção viária* não propõe uma ruptura nos fluxos urbanos, mas, sim, pausas no movimento da cidade; e essas pausas, para quem transita na cidade, se tornam momentos poéticos, lúdicos, mas também reflexivos e críticos da própria cidade" (Brito, 2016: 120-121; grifos no original).

O sentido político e cidadão do ser lugar no mundo, revelado pelas experiências teatrais e geográficas relatadas nos parágrafos anteriores, vão enfatizar, em última instância, as ligações inextricáveis entre ser e lugar, já que o lugar é onde "cada um de nós se relaciona com o mundo e onde o mundo se relaciona conosco" (Relph, 2012: 31). E o que ocorre em cada lugar é "parte de um processo em que o mundo inteiro está de alguma forma implicado. Isso é muito existencial e ontológico. Mas é também econômico e social, pois em toda parte estamos presos em maior ou menor grau nas forças neoliberais e da globalização" (Relph, 2012: 31).

Voltemos às manifestações de 2013 nas cidades brasileiras. Em um documentário intitulado *Arte ativa*, veiculado no canal Arte 1, uma das entrevistadas declarou seus sentimentos em relação à ocupação das ruas naquele momento, afirmando uma "alegria de se manifestar (na rua), mas não se sabendo exatamente o porquê". Mas, um tanto decepcionada ao fazer esse retrospecto, ela também vai constatar que "de repente aquilo baixou e não voltou", não sem alguém a seu lado no momento da entrevista retrucar em alto e bom som: "mas vai voltar!".

A retomada das ruas em tempos de redes sociais virtuais foi um fato alvissareiro que emergiu dos eventos juninos naquele ano de 2013. Em artigo publicado no jornal *A Tarde*, Antônio Risério traça uma interessante relação entre as redes sociais virtuais e as ruas, destacando um processo de retroalimentação positiva entre os mundos real e virtual (Risério, 2013: A2). Salvador, aliás, é vanguarda em ativismos assim, basta lembrar do movimento Desocupa, que começou nas redes sociais em defesa de uma praça no bairro de Ondina, localizado na orla atlântica da cidade, e se expandiu para abarcar outras esferas e dimensões (Serpa, 2016a).

De fato, essas manifestações – pelo menos da maneira como ocorreram em 2013 – sofreram um processo de refluxo, mas é inegável também que repercutem até hoje no momento político das cidades e do país, já que as ruas voltaram posteriormente a ser ocupadas, mas agora muito mais numa atitude de radicalização das diferenças, territorializadas no espaço de forma segregacionista e com pouco ou nenhum diálogo entre grupos com opiniões e posições políticas divergentes (manifestações pró e anti-*impeachment* da (ex-) presidente da República, por exemplo, separadas por uma grade em plena Esplanada dos Ministérios, em Brasília).

Vemos que, com a ausência do diálogo entre diferentes, a esfera pública retrocede e que o público se revela, de modo contraditório, como íntimo e particular, territorializado, enquanto o lugar se recolhe na esfera a mais privada e íntima, que se torna (radicalmente) "lugarizada". Então, a desterritorialização dos corpos via redes virtuais, em um primeiro momento, em 2013, lugariza nas ruas os manifestantes através da "alegria de manifestar" entre diferentes, para, a seguir, os territorializar em manifestações separadas, segregadas, com o ser território assumindo preponderância frente ao ser lugar nos processos (mais ou menos) políticos de apropriação do espaço público nas cidades brasileiras.

Comentando as manifestações de junho de 2013, Risério afirma que "da rede à rua, gentes se mobilizam de um dia para outro. Da rua à rede, alguém, logo ao chegar em casa, pode postar uma foto que sensibilize milhares de pessoas" (2013: A2). Isso coloca para nós uma nova realidade, de "espaços essencialmente reversíveis". No contexto discutido aqui, da (re)inserção do corpo na cidade, interessa particularmente a afirmação de que a "rua é o lugar do coração batendo, do sangue circulando, da respiração percebida, da emoção", em contraponto ao (e também em relação com o) espaço virtual dos signos e do discurso (Risério, 2013: A2).

Ainda nesse contexto, Risério defende a ideia de que "na rua o que conta é a leitura do espaço e a inteligência do corpo" (2013: A2). Ou seja, confluindo para a posição também defendida aqui de que a rua é o espaço por excelência da plenitude do corpo, para corpos em situação, construindo/criando espaços de intersubjetividade no "corpo a corpo" sem mediações. Então, ao contrário do que prognosticou Virilio (1999), há uma interação entre redes e ruas que se retroalimentam de modo a criar possibilidades de manifestação no espaço público na cidade contemporânea.

Mas é também fundamental compreender esses processos políticos como manifestações (contraditórias) do ser lugar e do ser território no mundo, de um corpo situado – lugarizado e/ou territorializado – no mundo; que essas manifestações se dão em diferentes escalas e esferas de "intimidade" e "abertura" no/para o mundo; e que, finalmente, exprimem ações e discursos diferenciados de agentes/sujeitos/grupos/indivíduos/classes, que, ao se manifestarem, manifestam também sua atitude de ser lugar ou ser território frente ao outro.

Ao final, reafirmamos o sentido de ser-no-mundo assumido neste capítulo, baseado, sobretudo, em uma ontologia espacial primeira e fundadora (geograficidade) que deve ser sempre explicitada nas elaborações conceituais em Geografia, como argumentam Relph (1985) e Marandola Júnior (2012), ambos inspirados em Heidegger. Busca-se, com essa postura ontológica, colocar em movimento os conceitos de lugar e território, libertando-os de certo imobilismo que empobrece *a priori* suas possibilidades de aplicação na reflexão geográfica.

Notas

[1] O sentido de representação defendido aqui extrapola o sentido de ideologia, ou melhor, evidencia-se a diferença fundamental entre os conceitos, como discutido por Lefebvre (2006) no livro *A presença e a ausência*, no qual o esforço do autor é o de evidenciar a distinção entre produto e obra e o papel das representações na constituição de ambos. Lefebvre busca legitimar o conceito de representação como a melhor forma de explicitar as relações de mediação entre sujeito/objeto, ser/pensamento, ideal/real etc., defendendo a distinção necessária entre as representações que impedem/impossibilitam o surgimento do "possível" daquelas que podem possibilitar sua emergência.

[2] Para Lefebvre, a presença só se realiza em situação, mas não podemos afirmar que não há situação sem presença, já que, com efeito, a distância, a separação, o alijamento e o silêncio também definem situações. O conceito de situação aqui, portanto, remete ao plano das representações, vistas "não só como resultados da separação, mas também como agentes dessa dissociação e como confrontação, reunindo as tendências que provêm da tríplice raiz do desejo": sentir, saber e dominar (Lefebvre, 2006: 295). O conceito de situação explicitado em *A presença e a ausência* revela também as influências de base fenomenológica na teoria das representações e da produção do espaço de Lefebvre, em especial da fenomenologia descritiva de Merleau-Ponty, mas também das reflexões de Heidegger, Bachelard e Sartre, permitindo a Lefebvre a articulação dos conceitos de espaço percebido, espaço concebido e espaço vivido, a partir de noções caras à fenomenologia: percepção, corporeidade, viver, morar, imaginar, embora Lefebvre critique a abordagem fenomenológica em algumas de suas obras, como explicitado por Schmid (2012: 107). Essa discussão é retomada nos dois últimos capítulos.

GEOGRAFIA DOS ESPAÇOS VIVIDOS: PAISAGEM, LUGAR, REGIÃO

Como pressupostos de partida para a operacionalização de conceitos em Geografia, deve-se sublinhar que: forma e conteúdo estão sempre relacionados, a "forma não se separa do conteúdo" (Lefebvre, 1983: 136); conhecer os fenômenos é não considerá-los como isolados (1983: 184); o particular funciona como mediação entre o singular e o universal, e o movimento "que vai de cada um desses termos aos dois outros jamais deve estancar ou coagular" (1983: 225); a contradição é aqui considerada como "contradição em ato", enraizada no conteúdo, no concreto, nas forças em relação e em conflito "na natureza, na vida, na sociedade, no espírito humano" (1983: 192). Se, por um lado, a razão dialética, que admite o movimento, o devir e a "contradição em ato", busca superar essa contradição, entre experiência e raciocínio, entre conteúdo e forma (1983: 188), por outro lado, admite também que "a aparência, a manifestação, o fenômeno, são um reflexo da essência, da realidade concreta, com tudo que implica a palavra 'reflexo'" (1983: 217).

Admitir a "contradição em ato" não exclui a noção de "intencionalidade operante", "aquela que forma a unidade natural e antepredicativa do mundo e de nossa vida" (Merleau-Ponty, 2006: 16), buscando revelar as essências como relações vivas da experiência, tomando distância do mundo para fazer aparecer as transcendências, para distender "os fios intencionais que nos ligam ao mundo para fazê-los aparecer", já que a reflexão só se torna "consciência do mundo porque o revela como estranho e paradoxal" (2006: 10). A fenomenologia não exclui a contradição da razão dialética, justamente porque busca romper a familiaridade com o mundo para apreendê-lo e revelá-lo como paradoxo.

O mundo fenomenológico é o sentido "que transparece na interseção de minhas experiências, e na interseção de minhas experiências com aquelas do outro" (Merleau-Ponty, 2006: 18). O mundo intersubjetivo da fenomenologia revela, por outro lado, a transcendência como ato compartilhado, como transcendência "negociada", outro tipo de transcendência "cujo contrário é uma imanência inteiramente diversa, a saber, o dar-se absoluto e claro, a autopresentação em sentido absoluto [...] que exclui toda a dúvida sensata" (Husserl, 2000: 61). É uma transcendência ingrediente, negociada, partilhada, diferente da transcendência para além do dado evidente.

É conhecimento dirigido para essências genéricas, que assume outro tipo de *a priori*: "o *a priori* na esfera das origens, dos dados absolutos [...] e que tem a ver com os estados de coisas apriorísticos, que se constituem como imediatamente visíveis" (Husserl, 2000: 79).

Essa noção de intersubjetividade não exclui nem o conflito, nem a contradição, ao contrário, os revela em ato, em interação, já que a "causa de um fenômeno qualquer só pode ser o devir do mundo em sua totalidade. Estudar um fato, querer conhecê-lo, é – depois de o ter discernido, isto é, isolado pelo menos parcialmente – restituí-lo num conjunto de relações" (Lefebvre, 1983: 199).

RETOMANDO OS CONCEITOS: PAISAGEM, LUGAR E REGIÃO

Paisagem: Ao parafrasear Husserl – "a questão pela coisa" –, Santos (1995) abre a possibilidade de análise da paisagem numa perspectiva ao mesmo tempo dialética e hermenêutica. Um enfoque fenomenológico exige, por seu turno, um retorno à percepção originária, tema da fenomenologia de Merleau-Ponty, diferente da percepção como é pensada pelos racionalistas ou empiristas (Tassinari, 2004: 146-147), já que para ambos "a consciência perceptiva é confundida com as formas exatas da consciência científica, e o indeterminado não entra na definição de espírito" (Merleau-Ponty, 2006: 56).

Para Sartre, uma aparição, finita, indica-se a si própria em sua finitude, mas, ao mesmo tempo, para ser captada como "aparição-do-que-aparece", exige ser ultrapassada até o infinito. Por isso, a essência está radicalmente apartada da aparência individual que a manifesta, porque a essência é o que deve poder ser manifestado por uma série de manifestações individuais (Sartre, 2005). A fenomenologia da paisagem deve revelar o invisível espacial presente no "visível" de cada paisagem, de cada aparição, enquanto "essência", construindo uma tipologia baseada em sistemas materiais e sistemas de valores. A essência das paisagens como "aparições" está, portanto, no espaço, no todo espacial como real-abstrato, porque em cada paisagem há uma relação com uma realidade espacial potencial, em perpétua mudança. Toda paisagem é transcendente, pois remete sempre ao real-abstrato espacial.

É necessário reconhecer as limitações de uma leitura formal e funcional das paisagens, já que nem sempre a realidade visível esclarece completamente o que de fato acontece no espaço. As paisagens podem "mentir" (Claval, 2004), se não admitirmos que não é somente a "realidade objetiva" que deve reter nossa atenção, mas também como essa realidade fala aos sentidos do sujeito que observa. É preciso admitir a paisagem enquanto conivência, explorando seus "fios cruzados e trocas recíprocas" (Claval, 2004: 49). Vista assim, a paisagem é, ao mesmo tempo, marca e matriz (Berque, 1998), já que "as sociedades organizam seus ambientes em função da percepção que elas têm deles e, reciprocamente, parece que elas os percebem em função da organização que dão a eles" (Claval, 2004: 50).

Lugar: Na Geografia, o conceito de lugar é ora associado a uma análise marxista, pensando-se os lugares como as distintas versões dos processos de reprodução do capital ao redor do mundo, ora a uma análise fenomenológica e humanista, entendendo-se o lugar como lócus da reprodução da vida cotidiana, permeada por diferentes visões de mundo e diferenciadas ideias de "cultura". Tais abordagens suscitam questões sobre o papel dos lugares nas cidades contemporâneas, em um contexto de metropolização, fragmentação e homogeneização, que vai conformando lugares hierarquizados por lógicas econômicas e políticas, em geral de caráter extralocal. A metrópole parece negar os lugares, sobrepondo valores e conteúdos hegemônicos às experiências enraizadas na vida cotidiana de cada lugar.

Se considerarmos que sempre agimos a partir de um lugar e que as ações constituem um enredo, uma enunciação, então todos os lugares são lugares da enunciação, base para a reprodução do vivido e para a realização das práticas espaciais. Mas, em um contexto de externalidades, a um só tempo impostas e hegemônicas, há ainda a possibilidade de se falar em um "enredo do lugar"? Quem conta, afinal, os enredos dos diferentes lugares nas metrópoles capitalistas? A primeira questão nos leva a um contexto de competição entre os lugares do mundo, em busca de inserção no mercado de vantagens comparativas e de produção de mais-valias relativas, sublinhando a lei de um desenvolvimento desigual e combinado do modo capitalista de produção. Esse é um enredo produtor e produto de hegemonias e hierarquias urbanas na escala mundial, o enredo da metrópole, que parece sufocar o enredo dos lugares.

Parece, no entanto, que "lugares" existem e persistem nas "brechas" metropolitanas, sobretudo nas áreas populares das metrópoles. No campo fenomenológico, o lugar é entendido como um fenômeno da experiência humana. Os lugares clamam nossas afeições e obrigações, conhecemos o mundo através dos lugares nos quais vivemos. Lugares são existenciais e uma fonte de autoconhecimento e responsabilidade social (Relph, 1979). A "distância" é um conceito espacial inexpressivo separado da ideia de objetivo ou lugar (Tuan, 1983). A condição humana supõe um espaço, um conjunto de relações e de trocas, de direções e distâncias, que vão condicionar de algum modo o lugar de sua existência (Dardel, 1990 [1952]). Estudar os lugares significa examinar um fenômeno específico do mundo vivido, elucidando a diversidade e a intensidade de nossas experiências de/no lugar (Relph, 1976, apud Holzer, 1996; Relph, 1979). São essas experiências que vão definir o lugar como histórico, relacional e identitário: um espaço que não se pode definir assim deve ser encarado como um não lugar. Porém, o não lugar nunca existe sob uma forma pura: lugares se recompõem nele; relações se reconstituem nele. O lugar nunca é completamente apagado e o não lugar nunca se realiza totalmente (Augé, 1994).

Uma fenomenologia do lugar não esgota a operacionalização do conceito no âmbito da Geografia. Como fenômeno da experiência humana, o lugar também expressa e condiciona a rotina, os confrontos, os conflitos e as dissonâncias, possibilitando uma leitura da vida cotidiana, com seus ritmos e contradições (Carlos, 2001). Como distintas versões da mundialização (Santos, 1994), os lugares são reflexo e condição para a reprodução das relações sociais, políticas, culturais e econômicas nas mais diversas escalas de análise (Tuan, 1983), possibilitando sempre dialetizar a relação sociedade-espaço. A operacionalização do conceito de lugar na Geografia é uma porta de entrada, mas também uma forma de aprofundamento das análises espaciais, a partir da definição dos espaços de conceituação pertinentes aos fenômenos que se quer explicitar (Castro, 1995).

Região: A íntima interligação dos fatos econômicos com os sistemas de valor, tradições e organização social, em qualquer recorte, inclusive no recorte regional, justifica uma abordagem dialética e fenomenológica para o conceito de região na Geografia. Esse entendimento não é novo e remonta à antiguidade clássica. Numa regionalização baseada na ideia de região como espaço vivido, caminho apontado por Frémont (1980), a região integraria espaços sociais e lugares vividos, constituindo um "conjunto com estrutura própria" e se distinguindo de outras regiões, por representações específicas, consolidadas na percepção dos habitantes e dos estranhos à região. Assim, se a "identidade cultural" deve servir como paradigma para a definição dos limites de uma região, é preciso compreender os códigos de representação e significação dos grupos sociais que ali vivem. O regionalismo e o discurso regionalista representam posturas ativas dos grupos e agentes sociais no espaço regional e baseiam-se na cultura local vivida, que se serve das identidades culturais para encaminhar as aspirações destes grupos (Bezzi, 1996).

Uma premissa para a construção de uma abordagem sociocultural, política e econômica para o conceito de região é a necessidade de identificar as possibilidades de sua articulação em termos epistemológicos com o conceito de território, já que o entendimento de uma região como ente social e cultural requer também uma reflexão sobre as implicações políticas deste tipo de enfoque. Concorda-se com Haesbaert (1997) que a região não é um território em sentido amplo, mas um determinado tipo de território. A região é um recorte no espaço geográfico que manifesta sua diferenciação enquanto um território apropriado/controlado de uma maneira a um só tempo concreta e simbólica, através da consolidação de uma identidade territorial. E se a cultura é o centro dos objetivos de uma Geografia que quer compreender o mundo vivido dos grupos humanos, é preciso admitir que o mundo vivido, mesmo que simbolicamente constituído, tem expressão material, não se devendo negar sua objetividade (Cosgrove, 2003).

A região como um tipo de território implica, para sua efetivação, um discurso performativo, que vai articular um conjunto de signos e representações para legitimá-la enquanto construção simbólica e política, legitimando também uma hegemonia. O discurso regionalista é performativo, porque pretende impor como legítima uma definição de fronteiras e fazer reconhecer a região assim delimitada. Mas, ainda que a região seja uma "construção" humana, não se deve esquecer as relações sociedade-natureza, já que "os referenciais concretos para esta construção simbólica podem ser buscados tanto em elementos naturais que predominem na paisagem [...] quanto histórico-culturais em sentido mais estrito" (Haesbaert, 1997: 55).

Nesse contexto, Castro vai enfatizar a dimensão política, simbólica e cultural na constituição de regiões e regionalismos, que se manifestam através da consolidação de uma "consciência regional". A região ganha aqui contornos de um construto sociocultural, já que é parte constituinte de um imaginário social, enquanto representação da realidade. Mas, para Castro, ela também é "um espaço de disputa e de poder, base para essa representação que é apropriada e reelaborada, tanto pela classe dominante como por outros grupos que se mobilizam para defender seus interesses territoriais" (Castro, 2005: 193).

ESPAÇOS VIVIDOS COMO ESPAÇOS DA DESALIENAÇÃO

Resgata-se aqui a noção de "espaço vivido" a partir da obra pioneira de Frémont, para quem o espaço vivido pode se opor ao "espaço alienado", partindo-se do pressuposto de que "a alienação esvazia progressivamente o espaço dos seus valores, para o reduzir a uma soma de lugares regulados pelos mecanismos da apropriação, do condicionamento e da reprodução social" (Frémont, 1980: 242). Desse modo, os homens se tornam estranhos a si próprios e ao espaço onde vivem. Os espaços alienados se produzem a partir de duas ilusões, destacadas por Frémont, a saber: as nostalgias passadistas e os reordenamentos dogmáticos, que participam nos processos de alienação do espaço e do tempo contemporâneos, substituindo as realidades presentes por paisagens, lugares e regiões idealizados, seja através de perspectivas passadistas, seja a partir de visões futuristas. Frémont defende a ideia de que são justamente as realidades presentes que deveriam fundamentar uma nova perspectiva para a Geografia, pois são elas que "convém essencialmente reconhecer e analisar, conjugando 'espaço vivido' no presente" (Frémont, 1980: 245).

Conjugar o espaço vivido no presente não pode ser interpretado, no entanto, como uma proposta de análise espacial sem profundidade histórica, muito pelo contrário, já que é na "duração longa das existências que, em definitivo, se pode construir um espaço vivido sem alienação" (Frémont, 1980: 251). Ou seja: uma Geografia dos espaços vividos deve ser capaz de resgatar a dialética entre o presente e o passado, entre o presente e o futuro, sendo a um só tempo retrospectiva e prospectiva. E com os "pés" fincados no presente. É essa, em outras palavras, uma dialética da diacronia e da sincronia, das sucessões e das coexistências, como propõe Santos, já que o entendimento dos espaços vividos no presente pressupõe a consideração do eixo das sucessões e do eixo das coexistências.

Se, por um lado, "o tempo como sucessão, o chamado tempo histórico, foi durante muito tempo considerado como uma base do estudo geográfico", por outro lado, pode-se questionar se, "ao contrário, o estudo geográfico não é muito mais essa outra forma de ver o tempo como simultaneidade" (Santos, 1996: 127). Concorda-se com Santos em relação ao princípio de que a "simultaneidade das diversas temporalidades sobre um pedaço da crosta da Terra é o que constitui o domínio propriamente dito da Geografia", reafirmando, com ele, que o "tempo como sucessão é abstrato" e o "tempo como simultaneidade é o tempo concreto", o tempo do cotidiano e de uma Geografia dos espaços vividos, "já que é o tempo da vida de todos" (Santos, 1996: 127). Pensar uma Geografia assim requer também o reestabelecimento da dialética entre espaços diferenciais e espaços homogêneos, visto que a planificação do espaço objetiva tornar todos os lugares, regiões e paisagens homólogos, "distintos tão somente por sua distância. Objetivo mensurável, o espaço só é representado em função de critérios produtivistas", segundo Lefebvre (2004: 117-118). A matematização do espaço, sua dominação, se traduz por "cálculos de otimização", que, em última instância, vão regular os processos hegemônicos de produção espacial na contemporaneidade.

Uma Geografia dos espaços vividos reconhece e busca revelar o papel de intermediação do cotidiano e das representações espaciais, nas relações sociedade-espaço, o cotidiano visto aqui como um conjunto de momentos e eventos espaço-temporais, que dá concretude aos processos de alienação e desalienação, revelando também os limites das análises estritamente morfológicas e/ou ecológicas em Geografia, e mediando as dimensões material e abstrata na produção do espaço. A noção de espaço vivido representa, para Frémont, uma ruptura com uma Geografia que se quer demasiadamente objetiva. É uma inversão de olhar, um convite para que os geógrafos se coloquem na posição dos habitantes de um território, para compreender como vivem e produzem/ criam espaço. Um convite para se debruçar sobre as dimensões da vida cotidiana e aprofundar o papel das representações nos processos de produção do espaço. Voltaremos mais tarde a essas ideias.

Nesse ponto, convém enfatizar, a partir das afirmações de Carlos, que

> [...] o espaço geográfico revela-se em suas dimensões material – que se refere à dimensão física, espaço-tempo da vida real [...] concreta – [...] a sociedade produzindo e reproduzindo-se e tomando consciência de sua produção [...] (e) abstrata – [...] o plano conceitual, no qual o conhecimento e a análise descobrem categorias novas. (2011: 66-67)

A ênfase nas dimensões material e concreta sublinha a importância do cotidiano para a compreensão do espaço produzido e reproduzido na contemporaneidade, enquanto no plano abstrato, igualmente importante, representações sociais e espaciais são produzidas em relação dialética com a concretude e a materialidade de lugares, regiões e paisagens, mediando as relações sociedade-espaço.

UMA GEOGRAFIA DOS ESPAÇOS VIVIDOS É TAMBÉM UMA GEOGRAFIA DAS REPRESENTAÇÕES SOCIAIS E ESPACIAIS

O sentido de representação defendido aqui extrapola o sentido de ideologia, ou melhor, evidencia-se a diferença fundamental entre os conceitos, como discutido por Lefebvre (2006) no livro *A presença e a ausência*, no qual o esforço do autor é o de evidenciar a distinção entre produto e obra e o papel das representações na constituição de ambos. Se o produto depende das representações para "existir", muitas vezes sendo substituído pelas próprias representações em seu percurso que vai da produção ao consumo, as obras, por não serem "consumíveis", têm as representações como parte constituinte, mas não dependeriam dessas últimas para "existir". Ou seja, o produto é representação e se confunde com ela, a obra é também representação, mas a atualiza constantemente, permitindo, inclusive, sua superação/transformação. Através de sua reflexão sobre o conceito de representação, Lefebvre fundamenta também uma crítica contundente ao conceito de "ideologia", à confusão em sua formulação, principalmente no campo do materialismo histórico. O autor busca legitimar o conceito de representação como a melhor forma de explicitar as relações de mediação entre sujeito/objeto, ser/pensamento, ideal/real etc., defendendo a distinção necessária entre as representações que impedem/impossibilitam o surgimento do "possível" daquelas que podem possibilitar sua emergência. E o "possível" é a sociedade urbana que substitui o "produto" pela "obra", a troca pela apropriação, as quantidades pelas qualidades: Enfim, a utopia lefebvriana de transformação da sociedade capitalista, da realização do urbano em toda sua potencialidade.

No plano abstrato, uma Geografia dos espaços vividos é também uma Geografia cognitiva das representações sociais e espaciais, pensada como uma forma de elaboração de conhecimento que dê conta das complexas estruturas de representação da sociedade produzindo e reproduzindo espaço. Assim, o objeto desta Geografia das representações sociais e espaciais deveria ser as lutas a respeito da identidade, as lutas pelo monopólio "de fazer ver e fazer crer, de dar a conhecer e de fazer reconhecer, de impor a definição legítima das divisões do mundo social e, por este meio, de fazer e de desfazer grupos" (Bourdieu, 2000: 113).

Se os espaços de representação contêm os espaços percebidos e vividos dos diferentes grupos e classes sociais, é certo que eles contêm e expressam também as lutas e os conflitos dos diferentes grupos e classes pelo domínio das estratégias de concepção desses espaços. Assim, partindo-se da premissa de que há uma dimensão coletiva e uma dimensão individual nas estratégias de representação dos diferentes agentes e grupos, é necessário também buscar a operacionalização da noção de "redes socioespaciais" na construção de uma metodologia que dê conta da complexidade dos processos cognitivos. A noção de redes de relações socioespaciais deve estar na base da formulação de uma metodologia que busque explicar a articulação entre as representações sociais e espaciais dos diferentes agentes e grupos nos complexos processos cognitivos de representação e apropriação do espaço.

PAISAGEM, LUGAR E REGIÃO
COMO MODOS GEOGRÁFICOS DE EXISTÊNCIA

Passemos à operacionalização dos conceitos de paisagem, lugar e região em nossas pesquisas, compreendendo-os como modos geográficos de existência (Relph, 1985, apud Marandola Jr., 2012), constituindo a unidade do ser-no-mundo (uma ontologia), e revelando as contradições e conflitos em jogo na produção/criação do espaço na contemporaneidade. Reafirma-se aqui que um método a um só tempo dialético e fenomenológico pode revelar novos aspectos da dimensão espacial da sociedade no mundo contemporâneo, sua geograficidade (Dardel, 1990 [1952]), ou seja: as várias maneiras através das quais conhecemos e nos relacionamos intencionalmente com o mundo, enquanto sujeitos individuais e coletivos, produzindo/criando paisagens, lugares e regiões, como espaços vividos, como espaços relacionais. Entendemos que a lógica do conceito é a lógica da qualidade, norteada pelo aspecto da "compreensão" sem negligenciar, contudo, o aspecto da "extensão", como propõe Lefebvre (1983).

Comecemos pelo conceito de paisagem: partindo da observação do "real-concreto" de um sistema de espaços livres de edificação em um bairro popular qualquer de uma metrópole brasileira e considerando esse sistema como sendo paisagem, como enxergar, para além do visível, o invisível (ou real-abstrato) que irá fundamentar nossa análise? Uma análise assim requer que se vá além da descrição da paisagem como um sistema de objetos, deve-se pensá-la também como um sistema de ações, mesmo que apenas "vislumbrado", permitindo a intuição de uma paisagem periférica enquanto essência, que traduz um padrão periférico de ocupação dos bairros populares nas metrópoles brasileiras (Serpa, 2002), também presente em Salvador e São Paulo, onde desenvolvemos nossas pesquisas, como abordamos mais detalhadamente no capítulo "Crítica dialético-fenomenológica da paisagem contemporânea".

A questão da visibilidade das formas urbanas nos processos de requalificação da cidade contemporânea aponta para outro exemplo emblemático: os parques públicos, também tratados no capítulo citado. Uma análise fenomenológica das "aparições" deste tipo de equipamento mundo afora revela a essência ou a razão de série deste fenômeno: a concepção e implantação de parques públicos parecem estar sempre subordinadas a diretrizes políticas e ideológicas (Serpa, 2003; 2007c). Projetados e implantados por arquitetos e paisagistas ligados às instâncias do poder local, os parques tornam-se importante instrumento de valorização fundiária na cidade contemporânea, como constatado em nossas pesquisas de campo em Salvador, São Paulo e Paris (Serpa, 2007c).

Uma análise crítica da paisagem construída aponta, pois, para a construção de parâmetros que revelem através dos arranjos socioespaciais o invisível das formas urbanas visíveis, tratando os objetos técnicos de modo sistemático e globalizante. Nos bairros populares da cidade contemporânea, é necessário afinar o olhar para o sistema de ações que se operacionaliza sobre um sistema de objetos aparentemente inadequado para o lazer e as manifestações culturais e festivas de seus moradores, norteadas, muitas vezes, pela lógica da proximidade e vizinhança.

As relações de vizinhança constituem um caso particular de "redes do cotidiano" e são muito condicionadas pelas diferenças entre classes sociais. Nos bairros populares, a limitação de oportunidades, a pobreza e o isolamento relativos, a insegurança e o medo acabam por fortalecê-las e torná-las parte fundamental da trama de relações familiares (Keller, 1979). As redes de vizinhança, de amizade e solidariedade nos bairros populares de Salvador são exemplos de redes primárias, que, de acordo com Scherer-Waren (2005), têm caráter interindividual ou coletivo, caracterizando-se por serem "presenciais" e com atuação em "espaços contíguos" (2005: 39). Devido à maior possibilidade de comunicação e consequente densidade enquanto rede de ação coletiva, a "rede de vizinhança" pode ser a base para a formação de outras "redes submersas" nos bairros populares da cidade.

As redes submersas são "redes de relações entre indivíduos, em decorrência de conexões pré-existentes, relações semiformalizadas que dão origem a quase grupos" (Scherer-Warren, 1996: 168). Redes que se constituem a partir de relações de proximidade no cotidiano, como, por exemplo, no uso diário do transporte coletivo para os deslocamentos casa-trabalho ou casa-escola, como enfatizado por muitos de nossos entrevistados nos bairros populares de Salvador. A persistência do movimento de bairro nos espaços populares da cidade serve para revelar que as redes submersas, mais informais e "baseadas em códigos culturais e solidariedades construídas no cotidiano", podem tornar-se articulações políticas, a partir da mobilização de pequenos grupos para "interferir nas políticas públicas" (Scherer-Waren, 1996: 169). Isso pode originar também relações políticas mais horizontalizadas, com "maior reconhecimento [...] à diversidade cultural e ao pluralismo ideológico" (1996: 172).

Tão importantes quanto o espaço das associações de moradores para elaboração de representações sociais e espaciais e de ativismos socioculturais nos bairros populares de Salvador, os terreiros de candomblé, as escolas, as igrejas, os templos, os clubes esportivos e campos de futebol constituem sua base espacial, definindo novas formas de relações e articulações sociais numa esfera pública urbana que condiciona e é condicionada por conteúdos culturais e políticos. Esses espaços constituem a "espacialidade primária", baseada na contiguidade, para atuação de redes associativistas e submersas, extrapolando, muitas vezes, os limites dos bairros onde se inserem, articulando dimensões e recortes que variam do local ao global.

Os terreiros de candomblé em Salvador são exemplares nesse sentido, cumprindo importante papel para a disseminação de ativismos socioculturais nos bairros populares da cidade. Dos 1.138 terreiros cadastrados em 2007 pelo Centro de Estudos Afro-Orientais da Universidade Federal da Bahia, cerca de 30% realizavam trabalhos de cunho sociocultural nas áreas onde estão inseridos. Essas atividades podem ser, inclusive, motivo de articulação em rede dos templos religiosos de matriz africana, para além dos limites dos bairros onde estão situados (jornal *A Tarde*, 30/7/2006 e 12/5/2007).

As festas são muitas vezes associadas à imagem de Salvador como estratégia de inserção da cidade no circuito turístico nacional e internacional, como lazer e entretenimento para a maioria dos visitantes, turistas e "foliões". Mas, na Bahia, e particularmente em Salvador, o discurso do resgate e da valorização das tradições afro-brasileiras aponta para a importância da articulação de conteúdos culturais e políticos em uma esfera pública urbana, constituída a partir de redes primárias de sociabilidade/solidariedade nos bairros populares da cidade. Um dos espaços centrais para a reprodução de ideias alternativas de cultura na capital baiana é o terreiro de candomblé. É um espaço de cultura e articulação política, de sociabilidade e solidariedade, como ressaltado por muitos dos entrevistados em nossas pesquisas nas áreas populares da cidade. Alguns desses depoimentos demonstram também a clara ligação entre religiosidade e festividade. Se o catolicismo popular é muito presente nos bairros estudados, também as tradições afro-brasileiras são determinantes para o surgimento de manifestações culturais particulares, como os blocos afro Ilê Aiyê e Araketu (Serpa, 2007b).

Por outro lado, alguns agentes e grupos protagonistas dos ativismos socioculturais analisados em nossas pesquisas estão cientes da importância dos meios de comunicação para disseminação de suas ideias de cultura e estilos de vida, como o bloco afro Ilê Aiyê, por exemplo. Grande parte das vitórias conseguidas pelo movimento negro na Bahia e pelos terreiros de candomblé deve-se justamente à ampliação de sua atuação para além dos espaços das redes primárias de sociabilidade/solidariedade nos bairros populares, algumas vezes, inclusive, com o apoio da mídia impressa e dos demais meios de comunicação da cidade, incluindo o rádio e a televisão. A importância dos meios de comunicação e de sua apropriação pelas classes populares na capital baiana foi também foco de nossas pesquisas, analisando-se como as rádios comunitárias e os domínios virtuais "alternativos" da rede mundial de computadores subvertem – taticamente – a hegemonia cultural veiculada pela mídia de massa e criam brechas para o restabelecimento da ludicidade como valor transversal, imprimindo, inclusive, novos sentidos à ideia de centralidade. As pesquisas foram posteriormente desdobradas nos bairros populares e nos centros de cultura alternativa de Berlim (Serpa, 2011a).

A relação entre lugar e mídia pressupõe articulação e encontro em processos capitaneados por grupos e iniciativas atuantes na cidade contemporânea, em momentos e espaços específicos. Espaços-tempo de representação e comunicação que vão mediar processos de apropriação socioespacial da técnica e sua "tradução" em tecnologia. As técnicas influenciam o modo como percebemos o espaço e o tempo, não só por sua existência física, mas também pela maneira como afetam nossas sensações e nosso imaginário. Por outro lado, os lugares vão se relacionar de modo diferenciado com as técnicas

GEOGRAFIA DOS ESPAÇOS VIVIDOS

e os objetos técnicos, de acordo com as condições que oferecem enquanto "meio operacional", para viabilizar a produção, a circulação, a comunicação, o lazer etc. (Santos, 1996). O que está em jogo nesses processos são relações de proximidade imediata, baseadas em ações solidárias, "comunitárias", "populares" e/ou "alternativas", a depender do contexto. Essas relações são condicionadas por táticas diferenciadas de comunicação e representação e, ao mesmo tempo, condicionam a atuação de grupos e iniciativas nos diferentes lugares urbanos, revelando estes últimos como base para a instalação/consolidação de um "meio operacional" para a ação e o discurso.

Nossas análises evidenciam também que as relações entre lugar e mídia vão ser de algum modo determinadas pela densidade deste meio operacional em cada lugar concreto, bem como pela acessibilidade a este meio. Com níveis bastante diferenciados de densidade e acessibilidade, Salvador e Berlim mostram-se, ambas, como aglomerações metropolitanas capazes de oferecer brechas espaciais ou "lugares do possível", nos termos de Lefebvre (1991), para o uso criativo da técnica e sua transmutação em tecnologia "apropriada", re-significada pelo uso "popular" e/ou "alternativo". Pode-se afirmar que, ao se apropriar dos meios de comunicação, enunciando "lugares" nos termos colocados por Certeau (1994), esses grupos e iniciativas exercitam a um só tempo as artes do fazer e do falar, re-significando os lugares onde atuam e efetivando, no cotidiano dessas áreas, táticas de uso e apropriação, que se revelam através de práticas socioespaciais específicas. Percebe-se que os lugares são enunciados a partir de elementos histórico-sociais presentes nos lugares de atuação, a partir de uma "efetuação criativa do sistema linguístico", recontando, inclusive, sob outros olhares, a história das cidades.

Nesse contexto, grupos que produzem conteúdos para sites de utilidade pública nos bairros de Salvador vão se apropriar da história dos lugares de atuação, produzindo conteúdos para a internet os quais, de certo modo, revelam alguma congruência com o histórico de desenvolvimento urbano da cidade. O contraste entre Cidade Baixa e Cidade Alta, evidenciado pela atuação destes grupos, por exemplo, remete aos primórdios da ocupação urbana na capital baiana. Em Berlim, os grupos e iniciativas analisados defendem a ideia de uma cidade "provinciana" e "bairrista", composta de "aldeias" e "vilas", mas, ao mesmo tempo, falam da capital alemã como lugar multicultural e cosmopolita, discurso traduzido em uma ação localizada em bairros e distritos, mas fortemente articulada com outros recortes espaciais (região, estado-nação, países de língua alemã etc.). A história de constituição da cidade – Berlim cresceu

POR UMA GEOGRAFIA DOS ESPAÇOS VIVIDOS

anexando vilas, aldeias e cidades vizinhas, que hoje constituem seus bairros e distritos – mostra que a ação e o discurso destas iniciativas não negam ou deturpam significativamente os fatos históricos, se apropriando deles para contar, à sua maneira, novos enredos sobre o "lugar" Berlim. Alguns desses distritos vão se sobressair no conjunto da cidade como lugares privilegiados para a atuação das iniciativas analisadas, ganhando *status* de bastiões da cena "alternativa" e da diversidade cultural, condicionando as táticas de representação dos grupos. Na capital baiana, por outro lado, ao invés de vistos como alternativos ou multiculturais, os espaços de representação dos grupos pesquisados ganham atributos diferenciados, caracterizando-se como "populares" ou "comunitários".

Nesses processos, as representações precisam ser "comunicadas", para que os lugares sejam enunciados de modo eficaz, ainda que, na maior parte das vezes, essas representações sejam ignoradas pelos meios de comunicação de massa. O modo como os lugares serão "comunicados" vai ser fortemente condicionado pelos meios disponíveis em cada lugar: modos mais diretos e "rudimentares" (rádios comunitárias LM, de alto-falantes, nos bairros populares de Salvador) ou formas híbridas e com maior conteúdo "técnico", que misturam de modo eficaz internet, vídeo e rádio em plataformas complexas de comunicação (caso do Canal Aberto de Berlim, por exemplo). Em todo caso, a acessibilidade às novas técnicas de informação e comunicação e as possibilidades disponíveis para sua apropriação por esses grupos e iniciativas são cruciais para a enunciação de lugares que articulem recortes que vão do local ao mundial. Isso mostra que o lugar é sempre processual e que a articulação de recortes/escalas geográficas será tanto mais ampla como mais complexa conforme a capacidade de articulação dos grupos envolvidos. Os lugares serão sempre multiescalares, mas os recortes espaciais envolvidos serão mais complexos e mais diversos de acordo com a acessibilidade/a disponibilidade de recursos técnicos nas respectivas áreas de atuação dos grupos analisados.

Através da experiência continuada de investigações sobre as manifestações culturais em bairros populares de Salvador, posteriormente desdobradas em estudos sobre a apropriação socioespacial dos meios de comunicação pelas classes populares, surgem novas questões de pesquisa, relacionadas a um fato novo no âmbito estadual: a partir de 2007, o governo da Bahia implementou uma nova política de regionalização do estado, baseada na ideia de "territórios de identidade", que substituem as regiões econômicas no norteamento das políticas públicas. Trata-se de um processo de regionalização que vem influenciando também a distribuição dos recursos de fomento à cultura na

Bahia, visando a uma desconcentração dos investimentos públicos da Região Metropolitana de Salvador em direção ao interior do estado e ao apoio de manifestações culturais populares, até então preteridas em função de manifestações da cultura dita "erudita". Com as novas pesquisas, buscou-se entender como cultura e poder se articulam nos embates entre os diferentes agentes produtores do espaço urbano e regional, que vão redundar em políticas específicas em forma de programas, planos e projetos. A questão central aqui é analisar de que modo bairros, cidades e regiões são articulados enquanto escalas de abordagem numa arena política que coloca a cultura no centro de um processo de regionalização institucional do território estadual. Foram levantados dados em cinco territórios, entre eles, o Metropolitano de Salvador, o do Recôncavo e o de Vitória da Conquista.

A nova regionalização foi pensada não somente como instância aglutinadora e articuladora de políticas estaduais: Os territórios de identidade foram tomados, desde então, como unidades de planejamento e controle social das ações de governo, o que implicou o relacionamento permanente entre os colegiados territoriais constituídos. A estratégia era a de aproximar os representantes da sociedade e do governo estadual, visando à ampliação da participação popular no processo de planejamento regional (Serpa, 2011b). Os colegiados territoriais representam uma instância aglutinadora para a discussão do Plano Plurianual de Investimentos (PPA): Para a constituição do Conselho de Acompanhamento do Plano, cada uma das unidades territoriais elegeu representantes para acompanhar a execução do orçamento. Percebe-se, portanto, uma preocupação em envolver os colegiados territoriais na discussão e na elaboração do PPA, o que é interessante, pois uma regionalização institucional de base "cultural" vai nortear os investimentos públicos nas diferentes unidades territoriais. Porém, uma análise da distribuição dos recursos por território do PPA 2008-2011 demonstra que a Região Metropolitana de Salvador ainda concentrava a maior parte dos investimentos (39,46%).

Na Secretaria de Cultura estadual (Secult), o desafio principal era a constituição de um sistema de gestão da cultura com atuação autônoma e articulada das três esferas de governo. Na justificativa da Proposta de Emenda à Constituição – PEC 416/2005, que cria o Sistema Nacional de Cultura, os municípios e as instâncias locais de decisão apareceram com destaque, evidenciando que nas políticas de desenvolvimento cultural na Bahia houve uma transposição de um modelo adotado em nível federal. Nessa passagem, do federal ao estadual, a Secult assessorou as prefeituras para a articulação de sistemas municipais, seguindo o modelo adotado pelo Minc. Uma das maiores limitações para a implementação de políticas de desenvolvimento territorial e cultural norteadas pelos princípios da descentralização e da municipalização é a, ainda atual, fragilidade institucional e técnica de muitas das municipalidades.

A articulação em rede das instituições públicas e a constituição de sistemas setoriais para a execução das políticas foi, sem dúvida, um avanço. Mas há ainda muitos desafios. O primeiro diz respeito à organização da sociedade civil nos territórios e municípios. As políticas parecem avançar mais naqueles territórios e municípios onde a participação e a organização da sociedade já eram significativas, antes mesmo da nova regionalização. Faz-se necessário, nesse contexto, analisar de que modo os municípios vão se articular em torno das novas unidades territoriais. Ou como regiões são articuladas enquanto escalas de abordagem numa arena política que coloca a cultura e as "identidades regionais" no centro de um processo de regionalização institucional. Questiona-se também até que ponto um processo de regionalização assim, que priorize uma abordagem sociocultural para o conceito de região, pode aproximar a atuação da sociedade e do Estado na articulação de políticas culturais e de desenvolvimento regional. Busca-se ainda distinguir as regionalizações que se constroem no dia a dia dos habitantes e que vão consolidando uma "consciência regional" como reflexo e condição de uma apropriação simbólica e material do território (Bezzi, 1996), e as regionalizações institucionais como base para estratégias estatais de desenvolvimento regional. O desafio é a construção de convergências entre esses dois processos, que são distintos e implicam rebatimentos evidentes no planejamento regional/territorial.

UMA GEOGRAFIA DOS ESPAÇOS VIVIDOS

Ao final deste capítulo reafirma-se a importância de uma Geografia dos espaços vividos, cujas bases devem e podem ser construídas a partir de uma abordagem dialética e fenomenológica das relações sociedade-espaço. Poucos estariam dispostos a contestar o papel central do "espaço" enquanto conceito-chave na produção do conhecimento geográfico. Isso é, com certeza, a especificidade maior da Geografia, sua razão de ser perante as outras ciências. Os estudos da dimensão espacial da sociedade e da dimensão social do espaço colocam a Geografia diante da árdua tarefa de operacionalização do conceito de "espaço" em sua dimensão empírica. Para Santos (1992), como a própria sociedade que lhe dá vida e anima, o espaço deve ser considerado como uma totalidade. Porém, assim considerar o espaço é "uma regra de método cuja prática exige que se encontre, paralelamente, através da análise, a possibilidade de dividi-lo em partes" (Santos, 1992: 5).

Essa regra de método requer a eleição de conceitos auxiliares, assim como o estabelecimento de categorias e variáveis pelo sujeito que pesquisa, como a base primeira de toda dedução. No entanto, para a análise do espaço não basta apenas a definição de conceitos, categorias e variáveis, mas antes a possibilidade de fazê-los interagir e relacionar-se no momento da pesquisa. Acreditamos que a Geografia dispõe de uma "constelação de conceitos", como propõe Haesbaert (2010), que podem focar diferentes dimensões da relação sociedade-espaço – política, econômica, cultural, social –, apostando na compreensão da dimensão espacial da sociedade, revelando os processos de produção espacial na contemporaneidade e indicando outras visões possíveis de mundo.

Uma Geografia dos espaços vividos, como aqui proposto, ultrapassa a ideia de localização e organização do espaço, reafirmando os processos de produção espacial, que vão da acumulação à reprodução das relações capitalistas de produção como "questão social". Segundo Carlos, "a noção de produção [...] permite reconstituir o movimento do conhecimento geográfico, a partir da materialidade incontestável do espaço, para buscar os conteúdos mais profundos da realidade social em direção à descoberta dos sujeitos e de suas obras" (Carlos, 2011: 58). Como afirma Frémont, esses processos vão produzir muitas vezes paisagens, lugares e regiões rejeitados por seus habitantes, "espaços eventualmente muito belos nos planos e desumanos na realidade vivida" (Frémont, 1980: 253). Se admitirmos que toda a "complexidade da obra geográfica reside no fato de só excepcionalmente ser devida à liberdade criadora de um único artista" e que "o espaço local, a maior parte das vezes, e os espaços regionais, em todos os casos, nunca tiveram autores que não coletivos" (1980: 252), então talvez seja necessário também falar de uma "verdadeira criação do espaço" como contraponto à ideia de "produção", calcada na lógica industrial, de planificação e ordenamento espaciais.

Em todo caso, é necessário admitir a complexidade desses processos de produção espacial no período contemporâneo, que misturam de modo contraditório e conflituoso aspectos funcionais e simbólicos, materiais e imateriais, rejeitando a simplificação dos estudos de cunho estritamente morfológico ou ecológico e assumindo um método a um só tempo fenomenológico e dialético para "dialogar com o mistério do mundo" (Morin, 2010: 232) no período contemporâneo; garantindo um momento fenomenológico em nossas pesquisas, de modo a revelar os paradoxos do cotidiano, assumindo o estranhamento e a surpresa como forma de compreensão da realidade; passando da fenomenologia à análise dialética dos diferentes espaços de conceituação/representação, tomando o cotidiano e os espaços vividos/de representação como possibilidades para analisar os trânsitos entre escalas geográficas e as contradições/os conflitos daí advindos.

Conceitos científicos são elaborações da realidade vivida, mas também condicionam e criam mundos próprios. A questão central é como teorias e conceitos de uma Geografia dos espaços vividos podem dialogar e interagir também com outras formas de conhecimento geográfico, outros modos de produzir, criar e representar espaço, com as paisagens, lugares e regiões vernaculares, enraizados na sabedoria e na experiência populares, com as filosofias espontâneas e as histórias vividas, buscando prospectar outros mundos e futuros possíveis. E, para isso, é necessário apostar também no papel da imaginação na produção do conhecimento geográfico, em "uma poética do espaço" (Bachelard, 1998), pois, afinal, não há como prever mundos e futuros possíveis sem conceber um método para imaginá-los.

DIGRESSÕES LEFEBVRIANAS I: PRESENÇA E AUSÊNCIA

Pretende-se neste capítulo enfatizar os pressupostos e as premissas do conceito de representação elaborado por Henri Lefebvre, buscando-se resgatar suas contribuições a nosso ver fundamentais para a construção de uma abordagem cultural em Geografia, uma abordagem que aproxime as dimensões política, econômica e social na produção do conhecimento geográfico.

Considera-se esse resgate importante para a articulação de uma abordagem cultural e social em Geografia, já que as Geografias "cultural e social se confundem forçosamente" e não se pode analisar a sociedade sem seus atributos culturais nem os atributos culturais desvinculados da sociedade que os produz (Broek, 1967: 39). Isso implica uma teoria e um conceito de representação que busquem explicitar os conflitos e as contradições em jogo na produção do espaço na contemporaneidade, inclusive articulando análises de cunho fenomenológico e dialético em nossas pesquisas.

Concorda-se aqui, como ponto de partida, com Schmid (2012), que evidencia três aspectos negligenciados até o momento na análise da obra de Lefebvre, aspectos considerados por ele cruciais para a compreensão da teoria lefebvriana de "produção do espaço":

> Primeiro, um conceito específico de dialética que pode ser considerado como sua contribuição original. [...] Lefebvre desenvolveu uma versão da dialética que foi, em todos os sentidos, original e independente. Ela não é binária, mas triádica, baseada no trio Hegel, Marx e Nietzsche. Isso não tem

sido apreendido corretamente até o momento e tem levado a consideráveis mal-entendidos. O segundo fator determinante é a teoria da linguagem. O fato de que Lefebvre desenvolveu uma teoria própria da linguagem [...] baseada em Nietzsche foi muito raramente considerado na recepção e interpretação de seus trabalhos, não obstante a virada linguística. Foi aqui que ele também, pela primeira vez, realizou e aplicou sua dialética triádica concretamente. O terceiro elemento [...] é a fenomenologia francesa. Enquanto que a influência de Heidegger nos trabalhos de Lefebvre já foi discutida detalhadamente [...], a contribuição dos fenomenólogos franceses Maurice Merleau-Ponty e Gaston Bachelard, na maioria das vezes, não recebeu a devida consideração. Esses três aspectos negligenciados poderiam contribuir decisivamente para um melhor entendimento dos trabalhos de Lefebvre e para uma apreciação mais completa de sua importante e inovadora teoria da produção do espaço. (2012: 90)

A HISTÓRIA DO CONCEITO DE REPRESENTAÇÃO NO PENSAMENTO FILOSÓFICO

Em *A presença e a ausência*, Henri Lefebvre (2006) busca elucidar a história do conceito de representação no pensamento filosófico, apresentando-o como um "conceito guarda-chuva" e buscando também desfazer a confusão entre representação e ideologia presente na obra de Karl Marx. Se, por um lado, enfatiza que representação não é necessariamente ideologia, por outro lado, vai afirmar que é impossível a vida sem representação, que as representações são formas de comunicar e reelaborar o mundo, aproximações da realidade que, no entanto, não podem substituir o mundo vivido. É justamente quando o vivido é substituído pelo concebido que a representação se torna ideologia.

Com base em autores como Nietzsche, Baudelaire e Otávio Paz, Lefebvre quer demonstrar também um momento de cisão na história da filosofia, apontando, além disso, os limites da teoria marxista. O conceito de sociedade urbana, desenvolvido em outras de suas obras é, por exemplo, um conceito de inspiração nietzschiana, que marca uma diferença de concepção em relação não só a Marx, mas também a Hegel. A sociedade urbana se constitui como um objeto virtual, misto de ausência e presença, uma práxis aberta: "O urbano (abreviação de 'sociedade urbana') define-se [...] não como realidade acabada, situada em relação à realidade atual [...] mas, ao contrário, como horizonte, como virtualidade iluminadora" (Lefebvre, 2004: 28). Como consequência, o livro *A presença e a ausência* faz pensar em como dominar o conceito de representação, ou melhor, com quais representações trabalhamos na produção do conhecimento e, em específico, do conhecimento geográfico.

Através da história do pensamento filosófico, Lefebvre quer demonstrar também como os filósofos buscaram decodificar e superar as representações anteriores a eles e como "verdades" devem ser sempre contextualizadas espacial e temporalmente. Na história da filosofia, natureza e pensamento estavam confusamente imbricados antes de Descartes, mas a quantificação e a lógica matemática/geométrica vão, posteriormente, reduzir a experiência e a vivência ao pensamento e à reflexão. O concebido ganha vantagem sobre o vivido e supera (ou supõe superar) a separação homem-natureza: "se pode dizer que Descartes construiu o marco geral do Logos europeu, as principais representações da natureza e da sociedade" (Lefebvre, 2006: 151).

Com Spinoza, natureza e pensamento são um só e a razão não pode superar a emoção. "Para transcender o representado, Spinoza procede por identificação" (Lefebvre, 2006: 151), "a natureza e o corpo se integram no divino" (2006: 152). Ele estuda os afetos e as diferentes modalidades da presença, as representações que motivam as paixões, admitindo a "imperfeição da natureza humana, que sofre afetos e paixões, que admite representações", mas aqui a "imperfeição humana" é superada pela filosofia, restabelece-se um absoluto, incluindo o empírico, e a abolição dos afetos continua sendo um ideal. Ou seja: Spinoza quer purificar o espírito das representações, por uma evacuação da vivência e da experiência. No entanto, sem vivência/experiência, reina a ausência e o concebido.

Já o romantismo (Goethe, Rousseau) "quer transcender as representações através da intuição, da captação imediata e direta" (2006: 156). Com Rousseau, é a desforra da vivência, a exaltação e a criação de uma gama de representações da "natureza", "destinadas a transformar-se em ideologia". Para Lefebvre, "encontramos na obra de Rousseau o léxico das representações triviais e populares de seu tempo (o natural e o artificial, os bons e os maus, os pequenos e os grandes, os bons tempos etc.)" (2006: 155). A vivência e a experiência retomam a palavra com o romantismo e com a poesia. O poeta (Hölderlin) capta a natureza e a vida!

Em *A presença e a ausência*, Lefebvre credita a Schelling forte influência no pensamento moderno, já que ele desenvolve uma filosofia da presença e da representação, introduz a noção de inconsciente, reabilita a vivência, o feminino e o imaginário, aponta os limites da ciência diante da arte (ou a limitação da ciência pela arte) e declara a primazia da natureza (material) no campo filosófico: "a natureza que se manifesta imediatamente nos corpos

POR UMA GEOGRAFIA DOS ESPAÇOS VIVIDOS

e nos sentidos funda a presença, incluindo a poderosa presença dos mitos, imagens e símbolos [...] contra o racionalismo árido, junto com a vivência e a feminilidade" (2006: 158).

Já Hegel, segundo ele próprio, supera a identidade absoluta colocada por Schelling do lado do objeto (natureza) e por Fichte do lado do sujeito (Ego), "alcançando a verdadeira identidade do sujeito e do objeto na ideia, ao mesmo tempo sujeito (pensante) e objeto (pensamento), que prossegue determinando o conceito" (2006: 159). E Schopenhauer vai apresentar a face dupla do mundo: "a face noturna e subterrânea, o inconsciente, o impulso obscuro e violento, a vitalidade desaforada, (assim como) a face clara e a representação, a consciência de si" (2006: 160). Ele não desaprova essa dualidade, ao contrário, a considera constitutiva: "manifestação e produto do querer viver, a representação constitui o sensível, o visível, o perceptível" (2006: 160).

Lefebvre vê Marx e Nietzsche como "pontos fora da curva" na chamada Filosofia tradicional: o primeiro descobre a gênese das representações, o segundo a genealogia dos filósofos. Enquanto Marx propõe uma gênese e uma genética das representações que as "destruam dialeticamente", Nietzsche ataca a moral, para transgredir o vivido sem transcender o concebido, sua teoria segue o nascimento das representações como abstrações, que "nascem como linguagem em lugares definidos, por figuras, metáforas e por metonímias" entrando na constituição das sociedades (2006: 163): "a poesia de Nietzsche só pode ser compreendida como busca da presença através das ausências do mundo, presença que nasce não das palavras, senão da identidade vivida entre a recordação (memória) e as percepções [...] entre a diferença e a identidade separadas no concebido" (2006: 162).

Embrenhando-se pela história do pensamento filosófico, Lefebvre propõe que se considere a filosofia não como uma "fenomenologia da verdade", mas como uma "fenomenologia das representações", o que poderia revelar um "mundo do avesso", sem reduzir *a priori* "as filosofias a ideologias definidas por sua origem social (classes dominantes) ou histórica" (2006: 170), considerando-se cada filosofia e cada filósofo não como uma porta de entrada para a verdade, mas como uma forma de acesso ao mundo das representações. Isso também permitiria compreender melhor como se desmembraram e fragmentaram os sistemas, como se constituíram novos sistemas a partir destes fragmentos, relacionados com termos privilegiados (palavras-chave), incluindo-se aí a linguagem corrente e o discurso cotidiano, inclusive a prática social e política (2006: 171-172).

AS REPRESENTAÇÕES NÃO FILOSÓFICAS

Uma fenomenologia das representações incluiria também as representações não filosóficas. Se acercando deste outro conjunto de representações, Lefebvre se pergunta como alcançar a vivência, a experiência, como conhecê-las sem reduzi-las a um saber, seja consciente ou inconsciente? (2006: 182). Para ele, a resposta a essa pergunta estaria no intervalo entre a primeira e a segunda naturezas, uma "realidade singular" e mais verdadeira que as representações, a arte: "A arte que repudia a imitação" e o artista "que produz ou cria", ao invés de imitar, uma segunda natureza (2006: 184). Essa reflexão embasa o conceito lefebvriano de "obra", não necessariamente restrito às obras de arte: as "obras" definiriam uma presença na ausência, embora se trate sempre aqui de "conteúdos deslocados, subordinados a uma forma" (2006: 185). Voltaremos a esse tema na próxima seção.

Caminhando neste novo terreno, chega-se ao desejo e ao amor, já que o desejo é o que embasa a obra e o amor pode ser considerado como obra, do mesmo modo que uma composição musical ou plástica. Porém, aqui temos um primeiro paradoxo: fundamentalmente, o desejo não se representa! (2006: 191). Vive-se uma catástrofe silenciosa no mundo ocidental contemporâneo: a destruição de referências que libera as representações de qualquer controle racional e que permite sua manipulação explícita pelas instituições e poderes públicos (2006: 193). Todas as potências e capacidades sociais tendem a tornar-se autônomas: o econômico, o político, a arte, a ciência etc. (2006: 194). Dois campos de investigação, dialeticamente relacionados, se colocam sob essa perspectiva: o trabalho e a castração simbólica/a alienação. Lefebvre incita à confrontação entre a história do trabalho e dos trabalhadores e aquela da repressão sexual, da expropriação do corpo, de sua subordinação à ausência e às representações que preencheriam essas ausências: a vontade de Deus, o sacrifício e a abnegação, o patriotismo, o trabalho como liberdade etc. (2006: 196). Em suma: o trabalho produtivo exigiu a redução da prática sexual ao sentido da reprodução e isso se obtève a partir da castração simbólica pela moral (2006: 197).

Sob essa ótica, a organização da vida cotidiana representaria uma organização e uma disciplina da ausência, de tal modo que o "político", com suas representações e implicações, parece ser a única presença, quando é, em realidade, nada mais que simulação, ausência suprema. Uma ausência sem esperança de presença, remissão perpétua a "outra coisa", fim de todas as referências (2006: 205). Por outro lado, a produção imoderada de significações vai engendrar uma crise dos sentidos, que fez da palavra e da significação um

POR UMA GEOGRAFIA DOS ESPAÇOS VIVIDOS

absoluto, "ou melhor, um simulacro de absoluto sem sentido" (2006: 207). No entanto, "não se pode dizer em geral e abstratamente que a representação prejudique a prática: se superpõe a ela, interpretando-a, se inserindo nela. O que é indubitável é que degenera ou desvia – se desvia – quando obstrui a prática e muito mais quando a paralisa ou a torna ineficaz" (2006: 221-22).

É isso que vai caracterizar o cotidiano como um cotidiano "programado pela convergência de representações", definido pela publicidade, pelas necessidades suscitadas, pelos chamados modelos "culturais" que se incorporam a ele (2006: 223). A vivência e a experiência, atacadas de todas as formas, se defendem pela revolta, pela espontaneidade bruta, pela violência contra a agressão permanente e cotidiana. Segundo Lefebvre, a análise dialética deste movimento revela um terceiro termo: o percebido, mediação entre o concebido e o vivido, através do qual se captam algumas presenças, se sentem as ausências, pululam as representações (2006: 225).

A OBRA

No penúltimo capítulo de *A presença e a ausência*, Lefebvre lança uma proposta de "teoria da obra", mas ressalva que não se trata aqui de uma estética normativa e pedagógica, mas sim de elucidar uma "prática criadora e não somente produtiva", que nos levaria a descobrir "relações de criação que não coincidem com as representações econômicas e/ou políticas", assim como outros tipos de contradições que não aquelas inerentes às relações de propriedade, de produção, de reprodução e dominação (2006: 238). A "obra" ganha aqui um sentido de mediação para além da representação, já que nenhuma obra – incluindo a obra de arte – pode realizar-se sem reunir todos os elementos e momentos, sem constituir uma totalidade, superando a fragmentação e as representações parciais e ideológicas (2006: 244).

As capacidades, obras em potência, deixam de ser criadoras quando se tornam autônomas, já que aquilo que é só econômico, só tecnológico, só lúdico, cotidiano etc. não pode superar as representações parciais, tornando-se produto apartado da obra: "a obra implica no jogo e no que está em jogo, mas é algo mais e outra coisa que a soma desses elementos [...] Propõe uma forma que tem um conteúdo multiforme – sensorial, sensual e intelectual" (2006: 244). Assim, e só assim, pode-se falar em obra: partindo-se da vivência/da experiência. Deve-se buscar, enquanto método, fazer emergir a vivência e a experiência, assimilando o mais possível de saber no trajeto, no qual se experimenta as múltiplas contradições (2006: 246-7). Estamos aqui diante da possibilidade de um saber criativo e criador, inspirado no artista e na obra de arte, reconhecendo-se que a arte e a criação também nascem e se desenvolvem no terreno das representações, mas não permanecem nelas limitando-se a dizê-las ou a acentuá-las: "a criação atravessa as mediações e representações, não para destruí-las, mas para integrá-las, negando-as dialeticamente" (2006: 247-8). A obra reuniria, pois, o que de outra parte se dispersa (2006: 253). É o caminho para o retorno ao imediato e ao gozo: difere do produto porque esse pode ser intercambiado, pode circular e remeter a outra coisa: a outro produto ou ao dinheiro que ele vale (2006: 255). A questão aqui é superar a produção de um saber que trata a obra como produto (2006: 260)

Lefebvre ressalta que manter simultaneamente as duas faces da "obra", a presença e a ausência, foi o que caracterizou o poder dos grandes artistas (2006: 261). Assim, o ato criador perpassa o mundo das representações e as supera (2006: 263). É a inerência do todo a cada parte e de cada parte ao todo o que determina a obra e assegura sua simultaneidade. A cidade vista como obra, uma formulação lefebvriana, baseia-se justamente nessa noção de simultaneidade, a cidade entendida como "obra das obras", já que não há cidade que não se apresente como simultaneidade (2006: 261). Mas o conceito de obra vai além da cidade, é um país, um continente, um campo novo para a produção de um saber que se baseie na simultaneidade, no encontro, na superação das fragmentações e das representações ideológicas, já que a obra proporciona sempre uma utopia, sempre projeta uma realização e uma plenitude (uma totalidade!) (2006: 265-6). Daí suas formulações sobre a arquitetura, sobre a produção do espaço urbano:

> Cada agente da produção do espaço tem suas representações: o promotor, o banqueiro, o comerciante, o proprietário de um terreno etc. Inclusive o "usuário". Cada membro de um grupo capaz de intervir ou de formular existências [...] também possui suas representações do espaço, do habitat, da circulação etc. [...] Se o arquiteto se deixa enganar por estas ou aquelas "imagens" ou representações, coações invisíveis, perde também sua "vocação". Não deveria reuni-las, para confrontá-las e superá-las na obra? Não teria aqui sua oportunidade de construir um lugar de presenças em um espaço de ausências? (Lefebvre, 2006: 272)

DIALÉTICA E FENOMENOLOGIA: ENTRE PRESENÇAS E AUSÊNCIAS

A dialética multifacetada e triádica de Lefebvre se constrói também sobre o pensamento hegeliano, mas busca superar sua concepção idealista, já que acredita que a dialética de Hegel não se aplicaria à realidade concreta, pois baseia-se em um "devir fechado", permitindo a dominação da prática social e impedindo a liberação do homem (Schmid, 2012: 93):

> Assim, Lefebvre desenvolve uma figura tridimensional da realidade social. A prática social material tomada como ponto de partida da vida e da análise constitui o primeiro momento. Ela permanece em contradição com o segundo momento: conhecimento, linguagem e palavra escrita, compreendidos por Lefebvre como abstração, como poder concreto e como compulsão ou constrangimento. O terceiro momento envolve poesia e desejo como formas de transcendência que ajudam o devir a prevalecer sobre a morte. Lefebvre, porém, não para nessa suprassunção em transcendência e poesia. Desta maneira, uma figura dialética tridimensional emerge em que os três momentos são dialeticamente interconectados: prática social material (Marx); linguagem e pensamento (Hegel); e o ato criativo, poético (Nietzsche). (Schmid, 2012: 94)

Em *A presença e a ausência* essa figura tridimensional se revela todo o tempo, como um esforço para superar o par representante-representado, através da introdução de um terceiro termo: a representação, fio condutor de sua análise (Lefebvre, 2006: 281). "O terceiro termo aqui é o outro, com tudo que esse termo implica (alteridade, relação com o outro presente-ausente)" (2006: 282). Neste contexto, a presença sempre se realizaria através de uma forma, mas essa forma, se tomada separadamente, é oca, portanto, ausência. Em contraponto, o conteúdo tomado separadamente é informe, portanto ausente: "Forma e conteúdo separados são fugas da presença. Esta supõe e implica um ato: o ato poiético" (2006: 282). A presença desenvolve as representações, mas busca sempre superá-las em ato, em situação. Presença e ausência são unidade e contradição, supõem uma relação como movimento dialético: não há presença absoluta, nem ausência absoluta (2006: 283). Contudo, quando a presença se perde na representação, surge a alienação (2006: 285) e o concebido prevalece sobre o vivido.

As representações dissimulam tanto a presença como a ausência, e o espaço se define como jogo de ausências e presenças, "representadas pela alternância de sombras e de claridades, do luminoso e do noturno". Nesse sentido, a ausência, como momento, não tem nada de patológico, ao contrário, suscita, incita: o patológico provém da retenção do movimento dialético, da fixação da ausência no vazio (2006: 289). A presença só se realiza em situação, mas não podemos afirmar que não há situação sem presença, já que, com efeito, a distância, a separação, o alijamento e o silêncio também definem situações. O conceito

|104|

de situação aqui, portanto, remete ao plano das representações, vistas "não só como resultados da separação, mas também como agentes dessa dissociação e como confrontação, reunindo as tendências que provêm da tríplice raiz do desejo": sentir, saber e dominar (2006: 295).

O conceito de situação explicitado em *A presença e a ausência* revela também as influências de base fenomenológica na teoria das representações e da produção do espaço de Lefebvre, em especial da fenomenologia descritiva de Merleau-Ponty, mas também das reflexões de Heidegger, Bachelard e Sartre, permitindo a Lefebvre a articulação dos conceitos de espaço percebido, espaço concebido e espaço vivido, a partir de noções caras à fenomenologia: percepção, corporeidade, viver, morar, imaginar, embora Lefebvre critique a abordagem fenomenológica em algumas de suas obras, como explicitado por Schmid (2012: 107):

> em sua opinião, é uma abordagem que ainda é muito fortemente influenciada pela separação do sujeito e do objeto de Descartes. Dessa forma, ele critica Husserl, o fundador da fenomenologia, tanto quanto o seu aluno Merleau-Ponty, acima de tudo porque eles ainda fazem da subjetividade do ego o ponto central da sua teoria e assim não são capazes de superar seu idealismo [...]. A proposta de Lefebvre é, assim dizendo, a de uma fenomenologia materialista – um projeto que Merleau-Ponty também perseguiu, mas que nunca conseguiu completar.

Ainda assim, a premissa de que a consciência dos sujeitos deve revelá-los em ato, em situação, parece ser legitimada e assumida por Lefebvre em suas obras, o que remete sem dúvida à fenomenologia, já que "é apenas sob essa condição que a subjetividade transcendental poderá [...] ser uma intersubjetividade" (Merleau-Ponty, 2006: 9).

O conceito de representação vai permear também as reflexões de Lefebvre sobre os espaços de representação e as representações de espaço, através de uma análise crítica que coloca a representação como substituto da presença na ausência, originando uma confusão entre presença e representação. Por um processo que ocorre na consciência (individual e social), a presença parece "irreal", indefinida; em contrapartida, seu substituto, o mundo das representações, parece real (Lefebvre, 2006: 299-300).

Desse modo, uma teoria sobre a alienação toma corpo, se amplia e modifica, tendendo para uma prática de desalienação e uma crítica das representações. A análise crítica da alienação se transforma assim em exigência de projetos práticos de desalienação, incluindo um modo de produção diferente, outra maneira de viver, aprofundando as diferenças contra as potências homogeneizantes: o saber, a técnica, a mercadoria, o Estado etc. Explicita-se assim também a necessidade de um processo de desalienação da sociedade como utopia última, transformando a consciência e a vida, deixando de subordinar a experiência e a vivência ao saber, a ação criadora prevalecendo sobre a ação produtora, o cotidiano sobre a tecnologia, a qualidade sobre a quantidade etc. (2006: 302-3).

E é claro que uma teoria e um projeto assim requerem a construção de um método que busque articular uma abordagem social e cultural para a Geografia, abrindo a possibilidade de uma Geografia Humana dos espaços vividos (Serpa, 2013), método aqui compreendido como o(s) caminho(s) epistemológico(s) que possa(m) dar conta da complexidade dos processos socioespaciais em curso na contemporaneidade. A articulação entre fenomenologia e dialética justifica-se nesse contexto como uma necessidade de método para a compreensão dos processos de produção do espaço, procurando-se explicitar o caráter intersubjetivo, intencional e contraditório desses processos, através de uma abordagem geográfica focada nas práticas espaciais, nos espaços de representação e nas representações do espaço (Lefebvre, 2000).

Recolocar as representações da sociedade em movimento, reestabelecendo a dialética entre forma e conteúdo: eis o desafio. Observar e seguir o rastro das cristalizações morfológicas, perscrutando seus conteúdos que vão dar substância às paisagens e aos lugares do mundo contemporâneo, indo além das análises estritamente econômicas (por vezes economicistas), sem abandonar uma perspectiva concreta de análise e reflexão sobre o mundo. Isso significa também superar o ideal real aparente, de que fala a professora Amélia Damiani,[1] dando concretude a uma perspectiva a um só tempo dialética e fenomenológica para revelar uma práxis material imersa na história e na vida social, restabelecendo a dialética entre atividade e passividade, entre movimento e repouso, entre interiorização e exteriorização, entre aparência e essência (Sartre, 2005).

Nota

[1] Em mesa redonda no âmbito das atividades do XIII Simpósio Nacional de Geografia Urbana, realizado no *campus* da Universidade Estadual do Rio de Janeiro, entre os dias 18 e 22 de novembro de 2013.

DIGRESSÕES LEFEBVRIANAS II:
O REINO DAS SOMBRAS

No capítulo precedente, buscamos evidenciar, a partir da leitura de Schmid (2012), alguma afinidade entre o pensamento lefebvriano e os princípios da fenomenologia, assim como o desenvolvimento de uma dialética triádica original baseada no trio Hegel, Marx e Nietzsche. De acordo com Schmid, "o fato de que Lefebvre desenvolveu uma teoria própria da linguagem [...] baseada em Nietzsche foi muito raramente considerado na recepção e interpretação de seus trabalhos, não obstante a virada linguística" (2012: 90).

Agora, pretendo avançar nessa reflexão explorando uma obra, a meu ver, também pouco discutida e problematizada de Lefebvre: *O reino das sombras*. Nesse livro, são reveladas as influências decisivas de Hegel, Marx e Nietzsche na construção do pensamento lefebvriano e, particularmente, na elaboração dos conceitos de "vivido", "cotidiano", "obra" e "brecha", bem como na relação desses conceitos com o espaço e seus processos de produção/criação.

Começo pela conclusão da referida obra, que estará aqui no centro de minha reflexão. Nas últimas páginas do livro, Lefebvre se revela como sujeito em situação – o que sem dúvida remete, ainda que quase sempre de modo indireto, a princípios fenomenológicos de pesquisa, que norteiam a postura de um sujeito pesquisador "revelado e situado" – ao declarar que leu Nietzsche "pelo mais fortuito dos acasos, no decurso de uma educação cristã, por volta dos 15 anos de idade – tudo o que se achava então traduzido, mais alguns textos em alemão" (Lefebvre, 1976: 257-58). Zaratustra foi, para o

POR UMA GEOGRAFIA DOS ESPAÇOS VIVIDOS

pensamento lefebvriano, "o livro que liberta", mas, como reconhecido como "sintoma da época" por ele próprio, Lefebvre vai se esforçar para "ingressar na norma", "dada a extrema dificuldade que experimenta um adolescente para criar sua própria vida", e, ao mesmo tempo e contraditoriamente, também para "entrar num movimento revolucionário ou subversivo capaz de eficácia" (Lefebvre, 1976: 258).

Lefebvre se vê, aos 25 anos de idade, como "ego" ou "uma sombra entre as sombras", ou, ainda, como "a própria sombra encarnada", apesar de sua fascinação nietzschiana:

> Lutando, embora melhor que uma sombra; daí o encontro (a descoberta) de Hegel (pelo maior dos acasos: sobre a mesa de trabalho de André Breton), em primeiro lugar, e depois de Marx. Daí também o mal-entendido: a adesão ao marxismo, em razão de uma teoria capital – a do fim do Estado. Daí a filiação no P. C. F., movimento que se iria anquilosar no estalinismo e no fetichismo do Estado. Daí algumas peripécias. Ao longo dessas peripécias, e embora lentamente esclarecida, nunca desapareceu a ideia da dupla brecha: através da política e da crítica da política, para a ultrapassar como tal através da poesia, do Eros, do símbolo e do imaginário, através da recusa e da mudança (bem como da alienação e da compreensão do presente). (Lefebvre, 1976: 258)

POR QUE HEGEL, MARX E NIETZSCHE? (TRANSITANDO ENTRE O ABSTRATO E O CONCRETO)

No primeiro capítulo de *O reino das sombras*, intitulado "As tríades", Lefebvre apresenta introdutoriamente sua concepção de modernidade, explicando por que o mundo moderno é a um só tempo hegeliano, marxista e nietzschiano. É hegeliano porque os Estados-nação cobrem a superfície terrestre e se afirmam por toda a parte, embora ocultem realidades econômicas mais vastas, como o mercado mundial e as firmas multinacionais: "com efeito, Hegel elaborou e levou às suas últimas consequências a teoria política do Estado-nação. Afirmou a realidade e o valor supremos do Estado" (1976: 11). Com isso, o hegelianismo segue, como princípio, a relação entre saber e poder, legitimando-a. Sob essa ótica, "o Estado engloba e subordina a si a realidade que Hegel denomina 'sociedade civil', isto é, as relações sociais", pretendendo desse modo "conter e definir a civilização" (1976: 11).

É marxista porque a industrialização transformou o mundo e a sociedade, mais do que as ideias, os sonhos e as utopias, como Marx anunciou e

|108|

previu quanto ao essencial: "o que levanta problemas no que toca à relação da classe operária (trabalhadores produtivos) com o Estado-nação, bem como uma relação nova entre o saber e a produção e, portanto, entre este saber e os poderes que controlam a produção" (1976: 12). É nietzschiano porque "o viver e o vivido individuais reafirmam-se contra as pressões políticas, contra o produtivismo e o economicismo" (1976: 12) e porque Nietzsche foi quem quis "tudo imediatamente" e de fato "mudar a vida", procurando defender obstinadamente a civilização contra as pressões do Estado, da sociedade e da moral. Porque "apesar dos esforços das forças políticas para se afirmarem acima do vivido, para subordinarem a sociedade e capturarem a arte, esta contém a reserva, a contestação, o recurso ao protesto" (1976: 12).

Embora admita que a tríade Hegel-Marx-Nietzsche contenha algo de paradoxal, Lefebvre vai afirmar que "se esta triplicidade possui um sentido, ela quer dizer que cada um (Hegel, Marx, Nietzsche) compreendeu 'qualquer coisa' do mundo moderno" (1976: 13). Lefebvre quer, através de sua mediação e com a confrontação dessas obras, iluminar "a modernidade". Não se trata, pois, de estudar Hegel, Marx ou Nietzsche isoladamente, mas "surpreender as suas relações com o mundo moderno, tomando-se este como referente, como objeto central de análise, como comum medida (mediação) entre as doutrinas e as ideologias diversas que nele se inserem" (1976: 14).

É a partir de Hegel que Lefebvre vai traçar, ao longo do livro, uma relação entre saber e poder, examinando essa relação também em Marx e Nietzsche. Ele parte da premissa de que Hegel "legitima a fusão do saber e do poder no Estado, o primeiro subordinando-se ao segundo" (1976: 16). Com Marx, o saber torna-se social, superando a máxima hegeliana de que "saber é poder"; "o próprio Estado deve passar pela experiência da superação. A revolução destrói-o e provoca a sua ruína" (1976: 24). Nesse contexto, o Estado não encerra em si qualquer racionalidade superior e "a história, consumada para Hegel, prossegue segundo Marx", "o tempo não se imobiliza (não se reifica) no espaço", "porque não há reprodução do passado ou do atual sem produção de qualquer coisa de novo" (1976: 25). Lefebvre afirma que, na tríade "econômico-social-político", Marx enfatiza (e desenvolve o conceito para) o social e a sociedade, levando a afirmações de que ele apostou no social frente ao econômico e ao político, "prioritários antes do derrubamento deste mundo em que detêm a primazia. Outros dirão que Marx organiza uma estratégia com base na análise das tendências no real (o existente), o social afirmando-se como tal" (1976: 28).

Como em Marx, também para Nietzsche a história continua, mas como um "caos de acasos, de vontades, de determinismos" (1976: 30). Lefebvre vai ver o pensamento nietzschiano como "a descoberta e a aceitação, até mesmo a apologia do acaso" (1976: 30), o que confere "uma dimensão nova à liberdade, quebrando a servidão da finalidade" (1976: 30). Em Nietzsche, o saber é a negação do poder e se afirma com força através do viver e do vivido, "com violência se for preciso", "contra o monstro frio dos monstros frios, o Estado. Contra o triste saber (conceitual), contra a violência opressiva e repressiva" (1976: 38). Lefebvre chama atenção que a superação em Nietzsche (*Ueberwinden*) se diferencia de modo radical da superação em Hegel e também em Marx (*Aufheben*), porque "nada conserva, não eleva a um nível superior os seus antecedentes e condições. Antes os precipita no nada. Subversivo de preferência a revolucionário, o *Ueberwinden* supera destruindo, ou antes provocando a autodestruição do que substitui" (1976: 40-41).

Seguindo o modelo hegeliano, o Estado, ao controlar e distribuir a informação, "trai o saber que o legitima", surgindo, assim, uma nova "Santa Trindade: saber, coação, ideologia" (1976: 103). E é justamente o poder ideológico do Estado o que lhe permite "captar e desviar certos aspectos importantes do conhecer (a informação, que não coincide com o conhecimento, constituindo sua identificação uma ideologia). E isso de maneira propagandística e publicitária" (1976: 102-103). Para Lefebvre, o hegelianismo expôs a ascensão do mundo moderno em direção à abstração, enquanto Marx buscou revelar "como e porquê [sic] os próprios objetos, produtos do trabalho, adquirem uma existência abstrata na qualidade de permutáveis" (1976: 103), formulando uma análise crítica "destas abstrações concretas", incluindo entre estas abstrações o próprio trabalho. Vai de encontro a Hegel, pois conclui que o Estado é também uma abstração concreta (1976: 104) e o pensamento hegeliano não reconhece a contento o papel das classes sociais nesse contexto (1976: 111).

Assim, Lefebvre observa que "o planeta vive debaixo das nuvens tempestuosas da abstração concreta, na sombra das formas recentes do capital financeiro, ao mesmo tempo opacas como substâncias e supra-reais como conceitos" (1976: 105-106). Transitando no vivido e na realidade concreta de seu tempo, Marx vai revelar, segundo Lefebvre, "nas condições práticas, no 'vivido', uma tríade ignorada: exploração, opressão, humilhação", que se inserem "na denotação e na conotação de um termo único: a alienação" (1976: 121).

O VIVIDO E O COTIDIANO

Lefebvre vai se inspirar fortemente em Nietzsche para pensar o "viver" e o "vivido", a partir de uma reflexão sobre o papel da poesia e da arte frente ao "saber" e ao "conhecer". Sob a ótica nietzschiana (e lefebvriana), a poesia não interditaria o conhecer, ao contrário, ao partir do "vivido", a poesia (e a arte) penetra(m) e ilumina(m) um conhecer distinto do "saber". E é esse conhecimento do "viver" e do "vivido" que vai recuperar as outras esferas, a saber, as esferas "sócio-lógica" e "sócio-política", "conferindo-lhes um outro sentido. Difere por natureza, por essência, do saber abstrato e não apenas de grau. O conhecer revela a crueldade do vivido, as implacáveis relações de força que o fazem ser o que ele é" (1976: 205).

Se em Hegel a necessidade apresenta uma existência positiva, travestida em um ser racional, correspondendo a um objeto, um trabalho produtivo, em Marx, valor de troca, necessidade e valor de uso estão interligados, de modo que "a crítica marxista do trabalho não vai tão longe – em Marx – ao ponto de abarcar a crítica da necessidade" (1976: 208-209). Já em Nietzsche, Lefebvre vê outra perspectiva que se abre: o desejo e o vivido, que pertencem à esfera da poesia. Trata-se de um dispêndio "explosivo" de energia, condensada em um "sujeito". Energia que só existe quando "age" e "produz um efeito": "o ser vivo ou pensante utiliza-a em jogos, lutas, tanto como em trabalhos" (1976: 209). Trata-se também de vencer e ultrapassar a "vontade de poder", já que o próprio saber serve à vontade de poder. Sob a ótica nietzschiana, o lucro é apenas um pretexto (um meio, um excitativo) para a vontade de poder, e o mesmo ocorre com a lógica: "a identidade representada, nomeada, assumida, brandida e imposta, está ao serviço da vontade de poder, constituindo um meio privilegiado juntamente com a linguagem [...]. Mais do que o poder, é a conquista do poder que define a *Wille zur Macht* [...]"; nesse contexto, "o conceito de vontade de poder implica, portanto, uma concepção do mundo, uma interpretação, uma perspectivação global" (1976: 208-209).

Lefebvre ressalta que o essencial, em Nietzsche, é que a poesia liberta, e, com ela, libertam-se também "o poder de metamorfose que se descobre na avaliação, no juízo, na valorização e também no jogo e na arte. Com a poesia, a energia física e vital ultrapassa-se" (1976: 213). Essa energia vital, traduzida em vontade de poder, "não se ultrapassa suicidando-se, mas superando-se e afirmando-se numa outra esfera – a poesia" (1976: 213). O poeta e o artista – o poeta mais do que o artista – buscam denunciar e superar a vontade de poder, renunciando a ela em um momento de libertação.

Sob essa ótica, se deve haver um momento superior da linguagem e do logos, ele está justamente em seu uso poético: "Enquanto o filósofo para Hegel, o pensador revolucionário para Marx, retomam, promovendo-as ao nível mais elevado, as características da linguagem [...], para Nietzsche, o poeta [...] restitui às palavras [...] uma 'positividade' que nada tem de comum com o saber, nem com a ação prática" (1976: 203). Por isso, o poeta acaba por transcender a linguagem em sua forma mais convencional e mortal, recuperando os ritmos do corpo ou da Natureza, em última instância, restituindo vida ao "viver" e ao "vivido".

Lefebvre vai afirmar que não há um "Nietzschismo", mas uma prática nietzschiana, "que não se identifica nem com a prática hegeliana do saber (prático-teórico) nem com a prática política [...] do marxismo" (1976: 214). A prática nietzschiana é uma prática poética, ou, antes, poiética, que "valoriza o vivido, em detrimento do concebido e do percebido, sobrevalorizados pelo Logos ocidental" e que transcende a vontade, mertamofoseando o humano em sobre-humano: "o super-homem, longe de levar à última extremidade o gosto do poder, liberta-se dele", e inaugura, assim, outro horizonte e outro mundo através de sua prática (1976: 214).

O COTIDIANO E A IMPORTÂNCIA DO REPETITIVO E DA IDENTIDADE NO MUNDO MODERNO

Segundo Lefebvre, Nietzsche traz, para o primeiro plano de suas reflexões, a noção de "repetitivo" partindo da poesia, da música e do teatro (sobretudo da tragédia), artes que se fundam na repetição. Nietzsche vai colocar o repetitivo no centro da meditação, mas não exatamente no lugar do devir: O problema aqui é o de "compreender como existe devir na repetição e repetição no devir". O paradoxo que parece escapar ao saber é que "o tempo existe [...], bem como uma prodigiosa diversidade das criações do devir. Mas existem repetições no seio do tempo" (1976: 220). Assim, a perspectiva nietzschiana, "sem desautorizar o saber, situa-se na fronteira entre o concebido e o vivido, logo entre o saber e o não saber, sobre uma crista. Este não saber é o vivido, prazer e sofrimento sempre repetidos, sempre renovados" (1976: 220).

O repetitivo está em toda a parte no cotidiano do mundo moderno e se traduz em um "saber do repetitivo", que se revela, por exemplo, na produção dos números ou na memória; "portanto, em todo e qualquer conhecimento, pois conhecer é 'reconhecer' (a reminiscência)", e com uma "dolorosa contrapartida: o ressentimento". É um "repetitivo" que se desdobra em linear e cíclico: "os ritmos são os do corpo vivo" e, "na fronteira (movediça) entre o linear e o cíclico, existe o 'inconsciente'" (1976: 222). Em Nietzsche o devir é esta totalidade: o cíclico e o linear, que se reconhecem nas evoluções e revoluções, no mesmo e no outro, no idêntico e no diferente, no obscuro e no inteligível, no pensamento mítico e no pensamento racional, no Mundo e no Cosmos, em Dionísio e Apolo. São, ao mesmo tempo, "os labirintos subterrâneos e os contornos em plena luz" (1976: 223). Quando a meditação se debruça sobre o Mundo, descobrem-se os ciclos das estações, da vida e da morte; quando ela examina o Cosmos descobre-se a luz: "O jogo energético processa-se através do ciclo 'diminuição-concentração'. [...] Eis o que é o famoso sujeito: um centro, não uma substância: um pequeno centro de pulsações de desejos [...], de energias que se consomem, que se dispersam, não sem deixar rastros" (1976: 222).

É o repetitivo que permite a intervenção do pensamento e do gesto prático, porque qualquer ação "aposta" na repetição, se repete ela própria através de "gestos objetivos". Por isso, não deveria nos surpreender a centralidade do repetitivo – expressa nos objetos, produtos e gestos – no cotidiano do mundo moderno, já que a modernidade está intimamente ligada à repetição e à "consciência do repetitivo, ao mesmo tempo revelado e ocultado pelas ideologias" (1976: 225). Na modernidade, "tudo muda e nada muda" (1976: 225). Sob esse ponto de vista, Lefebvre destaca "a importância do repetitivo, descoberto por Nietzsche como efeito de uma crítica da história, do historicismo, do evolucionismo e da filosofia – hegeliana – do devir" (1976: 226). E isso a partir de uma reflexão rigorosa da música, da poesia e da tragédia. Assim,

> A análise crítica da vida cotidiana mostra a interferência das repetições cíclicas (as horas, os dias e as noites, as semanas e os meses, as estações, as necessidades) e das repetições lineares (os gestos e atos de trabalho, da vida familiar, das relações sociais). De modo idêntico, a análise dos fenômenos econômicos e, mais amplamente, a da reprodução das relações sociais (de produção). [...] as relações sociais reconduzem-se automaticamente, tornando-se automáticas, integrando-se no automatismo geral. A tal ponto que já não é apenas a filosofia e o saber que se podem definir pela relação conflitual entre a repetição e o devir, nem a modernidade como ilusão (ideológica), mas a sociedade inteira. (1976: 226)

Por seu turno, a repetição implica um processo mimético que procede por identificação e comporta uma simulação, criando simulacros, "cópias mais ou menos conformes" da "realidade" (1976: 228). A simulação é um dos mecanismos através dos quais "os indivíduos se inserem numa realidade sociopolítica, e, inversamente, pelos quais a sociedade se serve tanto do discurso como de esquemas, símbolos e imagens para integrar os indivíduos" (1976: 228), produzindo identificação e identidades. Só a perda de identidade permite a mudança, e, por isso, a inimiga da transformação e do devir é a identidade, como afirma de modo um tanto surpreendente Lefebvre:

> A identidade, que articula a lógica com a realidade psíquica, social, política, e permite a fixação. Quem diz "identidade", diz também lógica, tautologia, sistema, círculo vicioso, torniquete, repetição, reprodução de si e do outro. [...] Quem diz "perda de identidade" diz também mutação, metamorfose, transvaluação, criação poética. Entre as duas, existe uma distância, um percurso perigoso. Que risco? O do desvario, da loucura, do suicídio. [...] A identidade proporciona a satisfação do "ser" adquirido, a da propriedade. [...] O sobre-humano, diferença máxima, só se atinge abalando a identidade e transpondo (superando) as diferenças mínimas. (1976: 229-30)

Conforme observa Lefebvre, Nietzsche não suporta "o mundo da marca e da máscara, a comédia do mundo, o mundo das palavras e da retórica", em suma, "a vida social de acordo com os valores impostos". Desse modo, vai se abrindo, paulatinamente, "à sua frente o horizonte da metamorfose, da diferença absoluta" (1976: 230). No pensamento nietzschiano não há espaço para a síntese, como em Hegel: "O que nasce, ou reproduz aquilo de que nasce [...], ou então, transpondo de um salto o abismo, transcende" (1976: 230-31).

CORPO-POESIA, CORPO-ENERGIA: INSPIRAÇÕES NIETZSCHIANAS PARA AS NOÇÕES DE OBRA E BRECHA EM LEFEBVRE

E onde estaria, para Nietzsche, a diferença absoluta em toda sua profundidade? No corpo. Porque o corpo, este desconhecido e ignorado em sua complexidade pelo Logos ocidental, "faculta as suas riquezas sem limites: os ritmos, as repetições (cíclicas e lineares), as diferenças" (1976: 235). Lefebvre enfatiza que o recurso de Nietzsche ao corpo exclui o corpo-máquina do mundo da produção, é o corpo-poesia, o da música e da dança; e, com isso, quer transformar "pela base a relação do corpo com a linguagem como abstração" (1976: 236). Voltamos à dialética entre o abstrato e o concreto, o corpo é concreto e a linguagem abstrata; e esta deve "converter-se ao concreto, converter-se ao corpo" (1976: 236):

> Hoje, segundo a orientação nietzschiana, a contradição aprofunda-se. O peso inteiro da sociedade abate-se sobre o corpo, acrescentando às pressões e violências da tradição moral as imposições do rendimento, a manipulação das imagens mutilantes, a metaforização do visual. A fotografia, o cinema, os *mass media* procedem a um desmembramento do corpo, a uma substituição maciça do corpo pela imagem, a um deslocamento do físico para o abstrato visual, a uma transferência social da energia para o espetacular [...]. Atingido este grau, a alienação de Hegel e de Marx muda de caráter e ganha outra importância. A alteração da vida ameaça sua base vital: o corpo. (1976: 236-37)

Através de Zaratustra, Nietzsche propõe a ressurreição dos corpos, para que o sujeito concreto – o corpo – se oponha de modo fundamental e irreconciliável ao sujeito do poder. E isto é, para Lefebvre, uma incitação à subversão e à revolta, à revolução do corpo: "o poeta Nietzsche abre o horizonte do desejo e do corpo apropriados" (1976: 241), para a apropriação do corpo total e, logo, do espaço, através da prática poética que se revela na música e na dança, "obras de vida e de vitalidade" (1976: 241). "Cada corpo, portanto o nosso (o teu, o meu), porque no tempo e no espaço, contém o infinito. O espaço [...] e o tempo [...], ambos infinitos, implicam e refratam cada um à sua maneira o universo infinito". (1976: 242)

E, aqui, Lefebvre se aproxima mais uma vez dos princípios da fenomenologia – lembrando, aos moldes de uma fenomenologia "concreta", o papel do corpo em Merleau-Ponty e a dialética entre finito e infinito em Bachelard –, ao se questionar se o finito e o infinito não seriam "simples efeitos de perspectiva para o ser-aí", concluindo que o finito "não passa de aparência", "mas a aparência não se separa do 'real'", já que inúmeros centros e focos de irradiação vão concentrar a energia universal, que se despende "em lugares e instantes" e se diversifica "em incontáveis fenômenos": "o espaço e o tempo só se distinguem quando confluem num 'aqui-e-agora'. O corpo encerra, portanto, a unidade perpetuamente em devir do infinito e do finito – comportando em si o infinito, pertence à esfera do finito" (1976: 243).

Lefebvre acredita que Nietzsche buscou promulgar o fim dos valores ocidentais em decadência e a emergência "de relações novas entre o corpo e a consciência, portanto, entre o corpo e a linguagem, o concebido e o vivido, o

POR UMA GEOGRAFIA DOS ESPAÇOS VIVIDOS

grave e o frívolo, o saber e o não saber – a vida e a morte" (1976: 248), com isso abrindo caminho também para se pensar em produção/criação "de uma 'realidade' inteiramente nova, ainda que conservando 'momentos' do passado-ultrapassado. O que comporta a destruição (mais extensa em Nietzsche, menos violenta em Marx) do atual" (p. 245). E essa realidade nova emerge a partir do corpo total, do espaço como obra e dos tempos cíclico e linear ressignificados no "atual". Estamos aqui diante de um "projeto de espaço", entendido como "obra à escala planetária de uma dupla atividade produtora e criadora (estética e material)", de uma busca de superação, no sentido nietzschiano (o da destruição), "à escala do mundo, capaz de precipitar no abolido os resultados mortos do tempo histórico" (1976: 259).

É no espaço-obra à escala do mundo que vão confluir as brechas objetiva (socioeconômica) e subjetiva (poética), é nele que vão se realizar as diferenças, da mais insignificante àquela a mais extrema. O espaço-obra é "o lugar e o meio das diferenças" e "a experiência dos conflitos e a do espaço tendem a coincidir, no caso de tudo o que se afirma e tenta uma 'abertura' (brecha), objetiva ou subjetiva" (1976: 259). Assim, "obra-produto da espécie humana, o espaço sai da sombra, como o planeta de um eclipse" (1976: 259).

CIVILIZAÇÃO E EXPERIÊNCIA CONCRETA DO CORPO

Sem querer esgotar as várias perspectivas aqui abertas, chamo atenção ainda para o salto dialético que emerge da tríade Hegel-Marx-Nietzsche traduzido no par sociedade-civilização, com evidente deslocamento para o segundo termo, especialmente a partir da abordagem nietzschiana. A noção de civilização amplia a escala e coloca de outro modo a questão espacial para as sociedades (no plural), o mundo vivido e "o viver". Evidencia-se também nesse contexto as noções de repetição e identidade, para Lefebvre "motores" que traduzem a "sociedade" no mundo moderno, sociedade esta "imbricada" e em simbiose completa com o Estado-nação.

Lefebvre afirma que em Nietzsche a "civilização" assume muito mais importância que a "sociedade" e "infinitamente mais do que o Estado" (1976: 246). No universo nietzschiano, a civilização se definiria "por indivíduos e ações individuais: por avaliações (valores) e por uma hierarquia dos valores, muito mais do que pelo nível de crescimento e de desenvolvimento, do que pelas forças produtivas" (1976: 246). E, com isso, a noção de valor é também transmutada, inclusive para atribuir um novo sentido ao tempo e ao presente, valorizando a experiência concreta do

|116|

corpo. Sob essa ótica, "o sentido não vem do passado nem do futuro", mas se manifestaria no "atual" (1976: 251). À questão de onde poderia hoje "provir o valor juntamente com o sentido", Lefebvre responde incisivamente: "da adesão ao vivido, não para o aceitar, antes, pelo contrário, para o metamorfosear pela força da adesão, para o transfigurar em viver" (1976: 251). E essa metamorfose é o prenúncio do sobre-humano, que se revelaria através do corpo:

> O sobre-humano não é mais do que a adesão ao presente, de modo que o corpo deixe entrever o que contém: acasos e determinismos, repetições e diferenças, ritmos e razões (Dionísio e Apolo). O sofrimento tem tanto sentido quanto a alegria e o prazer. [...] A adesão, o "sim", cria a diferença máxima – o sobre-humano – parecendo denotar uma diferença mínima, a aceitação, o *amor fati* na acepção estoica. Tudo e imediatamente, tal é o sentido do "sim" e o começo do sobre-humano. (1976: 252)

É o corpo, portanto, a dimensão concreta do vivido e do viver, desta radical adesão ao presente, concretude que se revela no sensorial, no prazer e na dor. O corpo é sedução, o desvio pela dimensão concreta (e também poética) da vida cotidiana. E essas acepções revelam a influência decisiva de Nietzsche para uma teoria da linguagem e da prática espacial em Henri Lefebvre, como reconhece Schmid (2012) em artigo já citado na introdução:

> O que é espaço? Lefebvre o compreende como um processo de produção que acontece em termos de três dimensões dialeticamente interconectadas. Ele define essas dimensões de duas maneiras: de um lado, ele utiliza os três conceitos "prática espacial", "representação do espaço" e "espaços de representação", que estão fundados em sua própria teoria da linguagem tridimensional. O aspecto especial de sua teoria da linguagem consiste, por um lado, em sua construção dialética básica tridimensional e, de outro, na sua dimensão "simbólica" baseada em Nietzsche. No entanto, a teoria da produção do espaço dá um passo decisivo adiante da teoria da linguagem tridimensional. Ela procura apreender a prática social enquanto totalidade e não meramente um aspecto parcial dessa prática. É assim direcionada para um ponto crucial de toda teoria do espaço: a materialidade da prática social e o papel central do corpo humano. (Schmid, 2012: 104)

EM DIREÇÃO A UMA "FENOMENOLOGIA CONCRETA"?

A busca de uma dimensão simbólica em Nietzsche nos processos de produção espacial revela, para Schmid (2012), que Lefebvre, embora parta de conceitos derivados da fenomenologia francesa – "o percebido", "o concebido" e "o vivido" –, não abre máo de uma abordagem materialista e dialética. A partir de Nietzsche, a perspectiva lefebvriana, "desloca-se do sujeito que pensa, atua e experimenta para o processo de produção social do pensamento, ação e experiências":

> Quando aplicada à produção do espaço, esta abordagem fenomenológica conduz às seguintes conclusóes: um espaço social inclui não somente a materialidade concreta, mas um conceito pensado e sentido - uma "experiência". A materialidade em si mesma ou a prática material de *per si* não possui existência quando vista a partir de uma perspectiva social sem o pensamento que os expressa e representa e sem o elemento da experiência vivida, os sentimentos que são investidos nesta materialidade. O pensamento puro é pura ficção; ele vem do mundo, do Ser, do Ser material assim como de sua experiência vivida. A "experiência" pura é, em última análise, puro misticismo: ela não possui uma existência real (social) sem a materialidade do corpo na qual está baseada e sem o pensamento que a estrutura e expressa. (Schmid, 2012: 104)

No entanto, essa abordagem, digamos, mais materialista da fenomeno-logia, não se baseia somente em Nietzsche, mas, segundo autores como Elden (2004) e Waite (2008), também em Heidegger. Ambos (Lefebvre e Heidegger), como Nietzsche, estavam muito interessados na noção de "repetição", como nos lembra Elden: "Repetição não é algo que nós encontramos aqui e ali, mas cobre a totalidade da experiência, do real ao racional. [...] Uma das razóes do interesse de Lefebvre pela noção nietzschiana de repetição é a problematização das ideias do 'mesmo' e do 'outro' que ela traz consigo"[1] (Elden, 2004: 179, tradução nossa). Para Elden, Lefebvre, ao combinar o conceito de alienação em Marx com a noção de cotidiano (*Alltaeglichkeit*) em Heidegger, conseguiu apresentar "uma leitura detalhada de como o capitalismo ampliou seu escopo no século xx para dominar o mundo cultural e social assim como o econômi-co"[2] (Elden, 2004: 16; tradução nossa).

Além disso, e ainda segundo Elden (2004), o papel de Nietzsche e Hei-degger nas reflexóes lefebvrianas de cunho espacial é particularmente impor-tante, porque suas análises permitiram a Lefebvre romper com a concepção de "espaço" da Filosofia moderna, especialmente a partir de Descartes e Kant. Nietzsche e Heidegger são "[...] portanto, muito importantes para compreen-der a ruptura empreendida por Lefebvre em relação ao Marxismo ortodoxo e ao princípio teleológico da história; assim como para a reconceitualização de 'espaço' e a revigoração da Geografia (...)"[3] (Elden, 2004: 16; tradução nos-sa). Elden mostra também como Lefebvre politizou e radicalizou muitas das análises de Heidegger, "particularmente sua compreensáo sobre a habitação e o habitar"[4] (Elden, 2004: 16; tradução nossa): Na perspectiva lefebvriana, o trabalho de Heidegger é também "central para romper com o entendimento tradicional da noção de espaço"[5] (Elden, 2004: 16; tradução nossa).

Já Waite (2008) enfatiza que Heidegger foi excluído da troika ou constelação Hegel-Marx-Nietzshe em *O reino das sombras* porque, para Lefebvre, seu trabalho seria insuficientemente "concreto" e os escritos heideggerianos poupariam em demasia a língua alemã, o que o impede de fazer uma crítica radical do Logos ocidental europeu. Para Waite, no entanto, "é insuficiente ouvir o que Heidegger diz; deve-se atentar para o que ele precisamente não diz. [...] Heidegger é concreto e indescritível onde é mais importante – a própria linguagem que se está lendo, embora principalmente subentendido entre as linhas, nunca em tradução"[6] (Waite, 2008: 100-101; tradução nossa). De qualquer modo, a crítica de Lefebvre a Heidegger é menos contundente que a Husserl e Merleau-Ponty e à fenomenologia francesa, como observa Schmid (2012):

> Um [...] ponto de referência central da teoria da produção do espaço é [...] (a) fenomenologia (francesa). Não obstante Lefebvre considera esta abordagem um tanto criticamente; em sua opinião, é uma abordagem que ainda é muito fortemente influenciada pela separação do sujeito e do objeto de Descartes. Dessa forma, ele critica Husserl, o fundador da fenomenologia, tanto quanto o seu aluno Merleau-Ponty, acima de tudo porque eles ainda fazem da subjetividade do ego o ponto central da sua teoria e assim não são capazes de superar seu idealismo. (Schmid, 2012: 104)

Já nas conclusões de *O reino das sombras*, Lefebvre vai apontar a possibilidade objetiva de uma "abertura" em Marx, uma possibilidade social e política "que só uma classe revolucionária pode afirmar", enquanto em Nietzsche vê uma possibilidade subjetiva de "abertura", "[...] desenvolvendo o que contém o ato 'puro' inicial e final – a adesão ao presente, num corpo, o 'sim' à vida. Do que resulta uma prática poética criadora de diferenças subjetivas" (1976: 257). Lefebvre reconhece também que a ideia de criação (em Nietzsche) difere da ideia de produção (em Marx), "se bem que ambas derivem do corpo e da sua atividade, produzindo relações (ligações)" (1976: 246).

Ao final, nos alinhamos a Frémont (1980)[7] e a seu questionamento do porquê – e apesar das influências de Nietzsche bem como da fenomenologia francesa e heideggeriana – Lefebvre opta pelo conceito de "produção" e não de "criação" do espaço, indicando que, aqui, o materialismo histórico falou mais alto que Nietzsche e a fenomenologia para a formulação de sua teoria seminal – a produção do espaço.

Notas

[1] "Repetition is not something that we find here or there, but covers the whole of experience, from the real to the rational. [...] One of the reasons that Lefebvre was so interested in Nietzsche's notion of repetition is the problematizing of ideas of the same and the other which it brings with it".

[2] "[...] a detailed reading of how capitalism had increased its scope in the twentieth century to dominate the cultural and social world as well as the economic".

[3] "They are also very important in understanding the break Lefebvre made with orthodox Marxism on the teleological principle of history. As well as re-conceptualizing space, and reinvigorating geography [...]".

[4] "I show how Lefebvre politicized and radicalized many of Heidegger's analyses, particularly around his understanding of the notion of dwelling or inhabiting".

[5] "[...] is central in the break from traditional philosophical understandings of space".

[6] "It is insufficient listening to what Heidegger says; you must attend to what he precisely does not say. [...] Heidegger is concrete and elusive where it matters most—the very language you are reading, though mainly inscribed between the lines, never in translation".

[7] "Os sociólogos e os geógrafos descobriram no decurso destes últimos anos a expressão 'produção do espaço'. Ela implica a predominância dos mecanismos econômicos na regulação e na alienação do espaço. Deveria ser substituída por outro termo, numa perspectiva dinâmica de superação: 'criação do espaço'. Este supõe que ao domínio das limitações materiais se venha juntar o poder de dar vida a uma obra. Essa via difícil tende a substituir o ordenamento do espaço por uma arte do espaço [...]. Com efeito, o espaço é uma obra" (Frémont, 1980: 251).

BIBLIOGRAFIA

ALMEIDA, M. G. de. Fronteiras sociais e identidades no território do complexo da usina hidrelétrica da Serra da Mesa-Brasil. In: BARTHE-DELOISY, F.; SERPA, A. (Orgs.). *Visões do Brasil*: estudos culturais em geografia. Salvador: EDUFBA, 2012, p. 145-166.

ARENDT, H. *A condição humana*. 10. ed. Rio de Janeiro: Forense Universitária, 2000.

_____. *A dignidade da política*. Trad. Helena Martins, Fernando Rodrigues, Frida Coelho, Antônio Abranches, Cesar Almeida e Claudia Drucker. 3. ed. Rio de Janeiro: Relume-Dumará, 2002.

AUGÉ, M. *Não-lugares*: introdução a uma antropologia da supermodernidade. São Paulo: Papirus, 1994.

BACHELARD, G. *A poética do espaço*. Trad. Antonio de Pádua Danesi. 3. tiragem. São Paulo: Martins Fontes, 1998.

BERQUE, A. Paisagem-marca, paisagem-matriz: elementos da problemática para uma geografia cultural. In: CORRÊA, R. L.; ROSENDAHL, Z. (Orgs.). *Paisagem, tempo e cultura*. Rio de Janeiro: EDUERJ, 1998, p. 84-91.

BEZZI, M. L. *Região - Uma (re)visão historiográfica*: da gênese aos novos paradigmas. Rio Claro: Universidade Estadual Paulista/Instituto de Geociências e Ciências Exatas, 1996.

BOURDIEU, P. *O poder simbólico*. 3. ed. Rio de Janeiro: Bertrand Brasil, 2000.

_____. *A distinção*: crítica social do julgamento. São Paulo: Edusp/Porto Alegre: Zouk, 2007.

BRITO, M. S. *O teatro que corre nas vias*. 2016. 224 f. il. Tese (Doutorado em Artes Cênicas) – Escola de Teatro, Universidade Federal da Bahia, Salvador.

BROEK, J. O. M. *Iniciação ao estudo da geografia*. Rio de Janeiro: Zahar Editores, 1967.

BURKE, P. *História e teoria social*. São Paulo: Editora Unesp, 2002.

BUTTIMER, A. *Values in Geography*. Washington AAG, 1974.

_____. Lar, horizontes de alcance e o sentido de lugar. *Geograficidade*, v. 5, n. 1, p. 4-19, 2015.

CARLOS, A. F. A. *Espaço-tempo na metrópole*. São Paulo: Contexto, 2001.

_____. Da "organização" à "produção" do espaço no movimento do pensamento geográfico. In: CARLOS, A. F. A.; SOUZA, M. L. de; SPOSITO, M. E. B. (Orgs.). *A produção do espaço urbano*: agentes e processos, escalas e desafios. São Paulo: Contexto, 2011, p. 53-73.

CASTRO, I. E de. *Geografia e política*: território, escalas de ação e instituições. Rio de Janeiro: Bertrand Brasil, 2005.

_____. O problema da escala. In: CASTRO, I. E. de; GOMES, P. C. da C.; CORRÊA, R. L. (Orgs.). *Geografia*: conceitos e temas. Rio de Janeiro: Bertrand Brasil, 1995, p. 117-140.

CERTEAU, Michel de. *A invenção do cotidiano*. 2. ed. Petrópolis: Vozes, 1994.

CHAUÍ, M. *Convite à filosofia*. 12. ed. São Paulo: Ática, 2000.

CHOAY, F. Conclusion. In: MERLIN, P. (Dir.). *Morphologie urbaine et parcellaire*. Saint-Denis: Presses Universitaires de Vincennes, 1988, p. 145-161.

CLAVAL, P. A paisagem dos geógrafos. In: CORRÊA, R.; ROSENDAHL, Z. (Orgs.). *Paisagens, textos e identidade*. Rio de Janeiro: EDUERJ, 2004, p. 13-74.

CORRÊA, R. L. *Região e organização espacial*. São Paulo: Ática, 1986.

COSGROVE, D. A Geografia está em toda parte: cultura e simbolismo nas paisagens Humanas. In: CÔRREA, R.; ROSENDAHL, Z. (Orgs.). *Paisagem, tempo e cultura*. Rio de Janeiro: EDUERJ, 1998, p. 92-122.

_____. Em direção a uma geografia cultural radical: problemas de teoria. In: CÔRREA, R. L.; ROSENDAHL, Z. (Orgs.). *Introdução à geografia cultural*. Rio de Janeiro: Bertrand Brasil, 2003, p. 103-134.

DARDEL, E. *L'homme et la terre*. Paris: Editions du CTHS, 1990 [1952].

_____. *O homem e a terra*: natureza da realidade geográfica. Trad. Werther Holzer. São Paulo: Perspectiva, 2011.

DUNCAN, J. A paisagem como sistema de criação de signos. In: CÔRREA, R. L.; ROSENDAHL, Z. (Orgs.). *Paisagens, textos e identidades*. Rio de Janeiro: EDUERJ, 2004, p. 90-132.

ELDEN, S. *Understanding Henri Lefebvre*: Theory and the Possible. London/New York: Continuum, 2004.

FRÉMONT, A. *A região, espaço vivido*. Coimbra: Livraria Almedina, 1980.

GOODEY, B.; GOLD, J. *Geografia do comportamento e da percepção*. Belo Horizonte: Departamento de Geografia/UFMG, 1986.

HABERMAS, J. *Mudança estrutural da esfera pública*. Rio de Janeiro: Tempo Brasileiro, 1984.

HAESBAERT, R. *Des-territorialização e identidade*. Niterói: EDUFF, 1997.

_____. *Regional-Global*. Rio de Janeiro: Bertrand Brasil, 2010.

_____. *Viver no limite*: território e multi/transterritorialidade em tempos de insegurança e contenção. Rio de Janeiro, Bertrand Brasil, 2014.

HARVEY, D. *Espaços de esperança*. São Paulo: Edições Loyola, 2004.

HEIDEGGER, M. *A origem da obra de arte*. Edição bilíngue. Trad. Idalina Azevedo da Silva e Manuel Antônio de Castro. São Paulo: Edições 70, 2010.

_____. *Ser e tempo*. Tradução revisada de Márcia Sá Cavalcante Shuback. 6. ed. Petrópolis: Vozes/Bragança Paulista: Editora Universitária São Francisco, 2012.

HOLZER, W. A geografia humanista: uma revisão. *Espaço e Cultura*, Rio de Janeiro, n. 3, p. 8-19, jan. 1996.

HUSSERL, E. A ideia da fenomenologia. Trad. Artur Mourão. Lisboa: Edições 70, 2000.

_____. *Meditações cartesianas*: introdução à fenomenologia. Trad. Maria Gorete Lopes e Sousa. 2. ed. Porto: Rés-Editora, 2001.

_____. *Ideias para uma fenomenologia pura e para uma filosofia fenomenológica*: introdução geral à fenomenologia pura. Trad. Marcio Suzuki. São Paulo: Ideias e Letras, 2006.

JACOBS, J. *Morte e vida de grandes cidades*. São Paulo: Martins Fontes, 2003.

KELLER, S. *El vecindário urbano*: una perspectiva sociológica. 2. ed. México: Siglo XXI, 1979.

LACOSTE, J. *A filosofia do século XX*. São Paulo: Papirus, 1992.

LEFEBVRE, H. *Hegel, Marx e Nietzsche ou o reino das sombras*. Trad. Rafael Gonçalo Gomes Felipe. Lisboa: Ulisseia, 1976.

_____. *Lógica formal e lógica dialética*. 3. ed. Rio de Janeiro: Civilização Brasileira, 1983.

_____. *O direito à cidade*. São Paulo: Moraes, 1991.

_____. *La production de l'espace*. 4ᵉ éd. Paris: Anthropos, 2000.

_____. *A revolução urbana*. Belo Horizonte: Editora da UFMG, 2004.

_____. *La Presencia y La Ausência*: contribuicion a la teoria de las representaciones. México. Fundo de Cultura Econômica, 2006.

LÉVY, J.; LUSSAULT, M. *Dictionaire de la géographie et de l'espace des sociétés*. Paris: Belin, 2003.

MARANDOLA JR, E. Heidegger e o pensamento fenomenológico em geografia. *Geografia*, v. 37, n. 1, p. 81-94, janeiro a abril de 2012.

MERLEAU-PONTY, M. *O olho e o espírito*. Trad. Paulo Neves e Maria Ermantina Galvão Gomes Pereira. São Paulo: Cosac& Naify, 2004a.

_____. *Conversas - 1948*. Trad. Fábio Landa e Eva Landa. São Paulo: Martins Fontes, 2004b.

_____. *Fenomenologia da percepção*. Trad. Carlos Alberto Ribeiro de Moura. 3. ed. São Paulo: Martins Fontes, 2006.

_____. *O visível e o invisível*. Trad. José Artur Gianotti e Armando Mora d'Oliveira. São Paulo: Perspectiva, 2009.

MORIN, E. *Ciência com consciência*. 14. ed. Rio de Janeiro, Betrand Brasil, 2010.

OLESEN, S. G. L'Heritage husserlien chez Koyré et Bachelard. *Danish Yearbook of Philosophy*, v. 29, p. 7-43, 1994.

RELPH, E. As bases fenomenológicas da geografia. *Geografia*, Rio Claro, v. 4, n. 7, p. 1-25, 1979.

_____. Geographical Experiences and Being-in-the-World: the Phenomenological Origins in Geography. In: SEAMON, D.; MUGERAUER, R. (Eds.). *Dwelling, Place and Environment*: Towards a Phenomenology of Person and World. New York: Columbia University Press, 1985, p. 15-31.

_____. Reflexões sobre a emergência, aspectos e essência do lugar. In: MARANDOLA JR., E.; HOLZER, W.; OLIVEIRA, L. de (Orgs.). *Qual o espaço do lugar?* São Paulo: Perspectiva, 2012, p. 17-32.

RISÉRIO, A. Entre as redes e as ruas. *A Tarde*. Salvador, 20 jul. 2013, p. A2.

SANTOS, M. *Espaço e método*. 3. ed. São Paulo: Livros Studio Nobel, 1992.

BIBLIOGRAFIA

_____. *O espaço do cidadão*. 2. ed. São Paulo: Nobel, 1993.

_____. *Metamorfoses do espaço habitado*. 3. ed. São Paulo: Hucitec, 1994.

_____. Salvador: centro e centralidade na cidade contemporânea. In: GOMES, M. A. A. F (Org.). *Pelo Pelô*: história, cultura e cidade. Salvador: Editora da Universidade Federal da Bahia, 1995, p. 11-29.

_____. *A natureza do espaço*: técnica e tempo, razão e emoção. São Paulo: Hucitec, 1996a.

_____. Os novos mundos da geografia. *Cadernos de Geociências*, Salvador, n. 5, p. 21-30, dez. 1996b.

_____. Da paisagem ao espaço: uma discussão. In: Encontro Nacional de Ensino de Paisagismo em Escolas de Arquitetura e Urbanismo do Brasil, 2., São Paulo, 1995. *Anais do II ENEPEA...* São Paulo: Universidade São Marcos/FAU-USP, 1996c, p. 33-42.

_____. *Pensando o espaço do homem*. 4. ed. São Paulo: Hucitec, 1997.

SARAMAGO, L. Como Ponta de lança. O pensamento do lugar em Heidegger. In: MARANDOLA JÚNIOR, E.; HOLZER, W.; OLIVEIRA, L. de (Orgs.). *Qual o espaço do lugar?* São Paulo: Perspectiva, 2012, p. 194-225.

SARTRE, J.-P. *O ser e o nada*. Ensaio de ontologia fenomenológica. Tradução e notas de Paulo Perdigão. Petrópolis: Vozes, 2005.

SCHERER-WARREN, I. Redes sociais: trajetórias e fronteiras. In: DIAS, L. C.; SILVEIRA, R. L. L. da (Orgs.). *Redes, sociedades e territórios*. Santa Cruz do Sul: Edunisc, 2005, p. 29-50.

_____. Metodologia das Redes no estudo das ações coletivas e movimentos sociais. In: Colóquio Sobre Poder Local, 6., Salvador, 1994. *Anais...* Salvador: NPGA/UFBA, 1996, p. 165-176.

SCHMID, C. A teoria da produção do espaço de Henri Lefebvre: em direção a uma dialética tridimensional. *GEOUSP*, São Paulo, v. 32, p. 89-109, 2012.

SEABRA, O. A insurreição do uso. In: MARTINS, J. de S. (Org.). *Henri Lefebvre e o retorno à dialética*. São Paulo: Hucitec, 1996.

SERPA, A. A paisagem periférica. In: YASIGI, E. (Org.). *Turismo e paisagem*. São Paulo: Contexto, 2002, p. 161-179.

_____. Parque público e valorização imobiliária nas cidades contemporâneas: Tendências recentes na França e no Brasil. In: Encontro Nacional da ANPUR: Encruzilhadas do Planejamento - Repensando Teorias e Práticas, 10., Belo Horizonte, 2003. *Anais...* Belo Horizonte: ANPUR/UFMG, 2003, CD-ROM.

_____. Espaço público e acessibilidade: notas para uma abordagem geográfica. *GEOUSP - Espaço e Tempo*, São Paulo, v. 15, n. 15, p. 21-37, 2004.

_____. Parque público: um "álibi verde" no centro de operações recentes de requalificação urbana? *Cidades*, Presidente Prudente, v. 2, n. 3, p. 111-141, 2005.

_____. O trabalho de campo em geografia: uma abordagem teórico-metodológica. *Boletim Paulista de Geografia*, São Paulo, v. 84, p. 7-24, 2006.

_____. Parâmetros para a construção de uma crítica dialético-fenomenológica da paisagem contemporânea. *Formação* (Presidente Prudente), v. 2, p. 14-22, 2007a.

_____. *Cidade popular*: trama de relações sócio-espaciais. Salvador: EDUFBA, 2007b.

_____. *O espaço público na cidade contemporânea*. São Paulo: Editora Contexto, 2007c.

_____. *Lugar e mídia*. São Paulo Contexto, 2011a.

_____. Políticas públicas e o papel da geografia. *Revista da ANPEGE*, v. 7, p. 37-47, 2011b.

_____. Microterritórios e segregação no espaço público da cidade contemporânea. *Cidades* (Presidente Prudente), v. 10, p. 61-75, 2013a.

_____. Segregação, território e espaço público na cidade contemporânea. In: VASCONCELOS, P. de A.; CORRÊA, R. L.; PINTAUDI, S. M. (Orgs.). *A cidade contemporânea*: segregação espacial. São Paulo: Contexto, 2013b, p. 169-188.

_____. Espacialidade do corpo e ativismos sociais na cidade contemporânea. *Mercator* (Fortaleza. Online), v. 12, p. 23-30, 2013c.

_____. Paisagem, lugar e região: perspectivas teórico-metodológicas para uma geografia humana dos espaços vividos. *GEOUSP - Espaço e Tempo*, São Paulo, n. 33, p. 168-185, 2013d.

_____. A presença e a ausência: Teoria das representações em Henri Lefebvre. In: ROMANCINI, S. R.; ROSSETO, O. C.; NORA, G. D. (Orgs.). *NEER - As Representações Culturais no Espaço*: Perspectivas contemporâneas em geografia. Porto Alegre: Imprensa Livre, 2015, p. 14-30.

_____. Um coletivo em rede construindo alternativas políticas para a cidade: o Desocupa Salvador. In: ROLNIK, R.; FERNANDES, A. (Orgs.). *Cidades*. Rio de Janeiro: Funarte, 2016a, v. 1, p. 481-502.

_____. Fenomenologia transcendental como fundamento de uma fenomenologia da paisagem: notas sobre um exercício prático de redução fenomenológica. *Geograficidade*, v. 6, p. 19-30, 2016b.

SERPA, F. *Rascunho digital*. Salvador: EDUFBA, 2004.

SOLIDARIEDADE DO CANDOMBLÉ. *A Tarde*, Salvador, 30 jul. 2006.

POR UMA GEOGRAFIA DOS ESPAÇOS VIVIDOS

SOUZA, M. J. L. O bairro contemporâneo: ensaio de abordagem política. *Revista Brasileira de Geografia*, Rio de Janeiro, v. 51, n. 2, p. 140-172, 1989.

SOUZA, M. L. de. O território: sobre espaço e poder, autonomia e desenvolvimento. In: CASTRO, I. E. de; GOMES, P. C. da C.; CORRÊA, R. L. (Orgs.). *Geografia*: conceitos e temas. Rio de Janeiro: Bertrand Brasil, 1995, p. 77-116.

_____. "Território" da divergência (e da confusão): em torno das imprecisas fronteiras de um conceito fundamental. In: SAQUET, M. A.; SPOSITO, E. S. (Orgs.). *Territórios e territorialidades*: teorias, processos e conflitos. São Paulo e Presidente Prudente: Expressão Popular, 2009, p. 57-72.

TASSINARI, A. Posfácio. In: MERLEAU-PONTY, M. *O Olho e o Espírito*. São Paulo: Cosac&Naify, 2004a, p.143-161.

TERREIROS cumprem papel social em suas comunidades. *A Tarde*, Salvador, 12 maio 2007.

TUAN, Y.-F. Topophilia or Sudden Encounter with Landscape. *Landscape*, v. 11, n. 1, p. 20-32, 1961.

_____. *Espaço e lugar*. São Paulo: Difel, 1983.

VIRILIO, P. *A bomba informática*. São Paulo: Estação Liberdade, 1999.

WAITE, G. Lefebvre without Heidegger. "Left-Heideggerianism" *qua contradiction in adiecto.*. In: GOONEWARDENA, K. et al. (Eds.). *Space, Difference, Everyday Life*. Reading Henri Lefebvre. London/New York: Routledge, 2008, p. 94-114.

O AUTOR

Angelo Serpa é professor titular de Geografia Humana da Universidade Federal da Bahia (UFBA), bolsista CNPq, doutor em Planejamento Paisagístico e Ambiental pela Universität Für Bodenkultur Wien (1994), com pós-doutorado em Planejamento Urbano-Regional e Paisagístico realizado na Universidade de São Paulo (1995-1996) e em Geografia Cultural e Urbana realizado na Université Paris IV (2002-2003) e na Humboldt Universität zu Berlin (2009). Atua nas áreas de Geografia e Planejamento, com os seguintes temas de pesquisa: teoria e método em Geografia, espaço público, periferias urbanas, manifestações da cultura popular, identidade de bairro, cognição e percepção ambiental, apropriação socioespacial dos meios de comunicação, estratégias de regionalização institucional, empreendedorismo popular, bairros empreendedores, comércio e serviços de rua. É docente dos Programas de Pós-Graduação em Geografia e em Arquitetura e Urbanismo da UFBA e editor da revista *Geo Textos* (UFBA). É autor, coautor e organizador de diversos livros, entre os quais *Lugar e mídia* e *O espaço público na cidade contemporânea*, publicados pela Contexto.

CADASTRE-SE
EM NOSSO SITE E FIQUE POR DENTRO DAS NOVIDADES
www.editoracontexto.com.br

Livros nas áreas de:
Educação | Formação de professor | História | Geografia | Sociologia | Comunicação | Língua Portuguesa | Interesse geral | Romance histórico

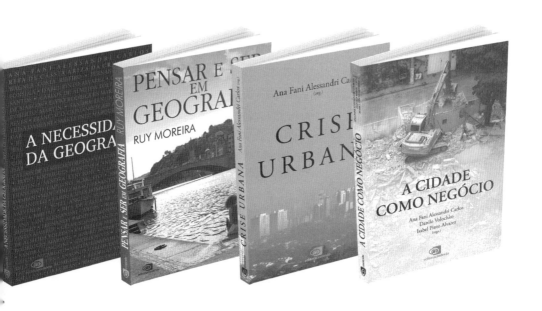

Siga a Contexto nas Redes Sociais:
www.editoracontexto.com.br/redes

GRÁFICA PAYM
Tel. [11] 4392-3344
paym@graficapaym.com.br